宁波茶通典

茶俗典

宁波茶文化促进会　组编

陈伟权　竹潜民　编著

中国农业出版社
北京

宁波茶通典

丛书编委会

主编

　　姚国坤　研究员，1937年10月生，浙江余姚人，曾任中国农业科学院茶叶研究所科技开发处处长、浙江树人大学应用茶文化专业负责人、浙江农林大学茶文化学院副院长。现为中国国际茶文化研究会学术委员会副主任、中国茶叶博物馆专家委员会委员、世界茶文化学术研究会（日本注册）副会长、国际名茶协会（美国注册）专家委员会委员。曾分赴亚非多个国家构建茶文化生产体系，多次赴美国、日本、韩国、马来西亚、新加坡等国家和香港、澳门等地区进行茶及茶文化专题讲座。公开发表学术论文265篇；出版茶及茶文化著作110余部；获得国家和省部级科技进步奖4项，家乡余姚市人大常委会授予"爱乡楷模"称号，是享受国务院政府特殊津贴专家，也是茶界特别贡献奖、终身成就奖获得者。

总序

踔厉经年，由宁波茶文化促进会编纂的《宁波茶通典》（以下简称《通典》）即将付梓，这是宁波市茶文化、茶产业、茶科技发展史上的一件大事，谨借典籍一角，是以为贺。

聚山海之灵气，纳江河之精华，宁波物宝天华，地产丰富。先贤早就留下"四明八百里，物色甲东南"的著名诗句。而茶叶则是四明大地物产中的奇葩。

"参天之木，必有其根。怀山之水，必有其源。"据史料记载，早在公元473年，宁波茶叶就借助海运优势走出国门，香飘四海。宁波茶叶之所以能名扬国内外，其根源离不开丰富的茶文化滋养。多年以来，宁波茶文化体系建设尚在不断提升之中，只一些零星散章见之于资料报端，难以形成气候。而《通典》则为宁波的茶产业补齐了板块。

《通典》是宁波市有史以来第一部以茶文化、茶产业、茶科技为内涵的茶事典籍，是一部全面叙述宁波茶历史的扛鼎之作，也是一次宁波茶产业寻根溯源、指向未来的精神之旅，它让广大读者更多地了解宁波茶产业的地位与价值；同时，也为弘扬宁波茶文化、促进茶产业、提升茶经济和对接"一带一路"提供了重要平台，对宁波茶业的创新与发展具有深远的理论价值和现实指导意义。这部著作深耕的是宁波茶事，叙述的却是中国乃至世界茶文化不可或缺的故事，更是中国与世界文化交流的纽带，事关中华优秀传统文化的传承与发展。

宁波具有得天独厚的自然条件和地理位置，举足轻重的历史文化和人文景观，确立了宁波在中国茶文化史上独特的地位和作用，尤其是在"海上丝绸之路"发展进程中，不但在古代有重大突破、重大发现、重大进展；而且在现当代中国茶文化史上，宁波更是一块不可多得的历史文化宝地，有着举足轻重的历史地位。在这部《通典》中，作者从历史的视角，用翔实而丰富的资料，上下千百年，纵横万千里，对宁波茶产业和茶文化进行了全面剖析，包括纵向断代剖析，对茶的产生原因、发展途径进行了回顾与总结；再从横向视野，指出宁波茶在历史上所处的地位和作用。这部著作通说有新解，叙事有分析，未来有指向；且文笔流畅，叙事条分缕析，论证严谨有据，内容超越时空，集茶及茶文化之大观，可谓是一本融知识性、思辨性和功能性相结合的呕心之作。

这部《通典》，诠释了上下数千年的宁波茶产业发展密码，引领你品味宁波茶文化的经典历程，倾听高山流水的茶韵，感悟天地之合的茶魂，是一部连接历史与现代，继往再开来的大作。翻阅这部著作，仿佛让我们感知到"好雨知时节，当春乃发生，随风潜入夜，润物细无声"的情景与境界。

宁波茶文化促进会成立于2003年8月，自成立以来，以繁荣茶文化、发展茶产业、促进茶经济为己任，做了许多开创性工作。2004年，由中国国际茶文化研究会、中国茶叶学会、中国茶叶流通协会、浙江省农业厅、宁波市人民政府共同举办，宁波茶文化促进会等单位组织承办的"首届中国（宁波）国际茶文化节"在宁波举行。至2020年，由宁波茶文化促进会担纲组织承办的"中国（宁波）国际茶文化节"已成功举办了九届，内容丰富多彩，有全国茶叶博览、茶学论坛、名优茶评比、宁波茶艺大赛、茶文化"五进"（进社区、进学校、进机关、进企业、进家庭）、禅茶文化展示等。如今，中国（宁波）国际茶文化节已列入宁波市人民政府的"三大节"之一，在全国茶及茶文化界产生了较大影响。2007年举办了第四届中国（宁波）国际茶文化节，在众多中外茶文化人士的助推下，成立了"东亚茶文化研究中心"。它以东亚各国茶人为主体，着力打造东亚茶文化学术研究和文化交流的平台，使宁波茶及茶文化在海内外的影响力和美誉度上了一个新的台阶。

宁波茶文化促进会既仰望天空又深耕大地，不但在促进和提升茶产业、茶文化、茶经济等方面做了许多有益工作，并取得了丰硕成果；积累了大量资料，并开展了很多学术研究。由宁波茶文化促进会公开出版的刊物《海上茶路》（原为《茶韵》）杂志，至今已连续出版60期；与此同时，还先后组织编写出版《宁波：海上茶路启航地》《科学饮茶益身心》《"茶庄园""茶旅游"暨宁波茶史茶事研讨会文集》《中华茶文化少儿读本》《新时代宁波茶文化传承与创新》《茶经印谱》《中国名茶印谱》《宁波八大名茶》等专著30余部，为进一步探究宁波茶及茶文化发展之路做了大量的铺垫工作。

宁波茶文化促进会成立至今已20年，经历了"昨夜西风凋碧树，独上高楼，望尽天涯路"的迷惘探索，经过了"衣带渐宽终不悔，为伊消得人憔悴"的拼搏奋斗，如今到了"蓦然回首，那人却在灯火阑珊处"的收获季节。编著出版《通典》既是对拼搏奋进的礼赞，也是对历史的负责，更是对未来的昭示。

遵宁波茶文化促进会托嘱，以上是为序。

宁波市人民政府副市长 杨勇

2022年11月21日于宁波

前言

宁波茶通典·茶俗典

十里不同风，百里不同俗。宁波茶俗在当地风俗中别有风韵，大雅大俗，异彩纷呈。

宁波市位于北纬28°51′至30°33′。专家发现北纬30°是出现世界奇迹并孕育名茶之地，有著名的高山、大江大河及入海口，有埃及金字塔、巴比伦空中花园，包括我国的黄山、庐山、峨眉山以及新石器时代的河姆渡文化遗址等。同时，中国好多名茶也出产于北纬30°左右，包括西湖龙井、黄山毛峰、蒙顶甘露、祁门红茶等。

在宁波大地上，同样古今佳茗迭出，茶俗亦相伴相生，宁波茶俗富于特色，灿若云锦，佳话频传。

首先，大雅缘自大俗。茶俗在人们漫长的茶事生涯中，将经济和文化融合得恰到好处，并有显著的特点，留下了不少千古地名，因此，本书即从茶地名开篇。先民在河姆渡遗址饮"原始茶"，到田螺山遗址人工栽培茶树，河姆渡地名就与茶密切相关。书中选录了多个茶俗地名，如茶院、茶厂跟、茶亭街等，都有生动的故事流传给后人。茶俗地名既反映了茶在农业经济中的要素，又沉淀了深厚的茶文化底蕴，成为优秀传统文化的文明符号。

宁波是具有历史传统的全国文明城市，其源头可追溯到体现精神文明的大批茶亭。以农业为主的古代，经济不发达，宁波涌现出众多积德行善的茶亭，如同和煦春风吹遍宁波大地。古老的茶亭故事多多、生动有趣、名垂千秋，无不洋溢着关心社会、崇尚文明的美德。四明山上的甘泉畈茶亭，浓缩着山民乐善好施的优良民风，又有为革命做出贡献的光荣历史。

其次，大俗又助推大雅，茶文化登上大雅之堂，是以茶叶为物质基础的，而茶俗介于物质与精神之间，并提升到精神文明层面。茶俗的内涵既服务于茶业又提升了茶业。茶俗中的茶谚，有指引人们去寻觅好茶的，如"平地有好花，高山有好茶"；也有直接指导生产的，如"土厚种桑，土酸种茶""秋冬茶园挖得深，胜过拿锄挖黄金"等。

在物质文明提升到精神文明的过程中，古往今来的各类茶馆是茶俗的最好体现。从乡村到城市、从粗犷到文雅、从简陋到精良，茶馆再现了中华精神文明之美。北京前门西河沿大街正乙祠戏楼（茶园），为清代康熙年间宁波在京的银行商人购置，每逢春秋节日宁波同乡在那里聚会，先用三茶六酒祭神祭祖，然后约请戏班演戏，品茶看戏，摆宴联谊。据梅兰芳考证，我国戏院最早统称为"茶园"，茶园与戏院合一，是朋友们喝茶聚会的地方，正乙祠可为最早的高雅茶馆。20世纪改革开放初期，其遗址经修复后，在北京的"宁波帮"经常在那里举行品茶座谈活动。宁波其他茶馆的事迹也是感人至深。

"水为茶之母"，制茶用水非讲究不可。同样宁波茶俗中也包含人文底蕴深厚的水文化。书中介绍了天童寺、虎跑泉等多处名泉好水，对于"五水共治"也不无积极意义。

其三，雅俗共赏促进社会文明。茶俗弘扬传统文化有多种多样的形式，其中以奉茶为主体，客来敬茶，由此延伸出各种礼仪，通过约定俗成的各种礼仪活动，使茶既有益于身体健康，又有利于心理健康，让人安宁坦然、心情愉悦，这也是茶俗能扎根于大雅社会的根基。21世纪初，宁波出现了一批又一批茶艺师，他们以茶馆、茶店为平台，将茶道、茶艺演绎得十分精致，将千百年来茶俗中的风雅推到现代文明的新高度、新范畴，直至近10年出现了以"五进"为载体的茶俗新风，即茶文化进机关、进企业、进学校、进社区、进家庭。宁波一般企事业单位均设有设备齐全的茶室，洋溢着谈心交友、客来敬茶的友爱团结氛围。学校的茶和茶文化教育，不仅是新时代劳动教育的重要内容，还弘扬了"百事孝为先"的精神，孩子们回到家中不做"小皇帝"，尊重长辈，主动为长辈泡茶、敬茶，助推了家庭和睦温馨的气氛。2018年5月，首届中国家庭茶艺大赛在宁波举行，来自全国各省市的多家代表队各显神通，最终，宁波市海曙区一户家庭茶艺师获金奖，来自重庆、广西的家庭分获银奖、铜奖。

宁波茶俗依托宁波舟山港的优势，在国内外广泛传播。早年无论是外出经商的"宁波帮"人士，还是在外当学徒的宁波后生，必定随身带着家乡的茶叶，并将茶俗带到五湖四海。人在异乡，时常会水土不服，若用家乡茶叶冲泡品饮，或干嚼几片茶叶，就会感到全身舒坦。19世纪英国"植物猎人"福琼的著作《两访中国茶乡》一书，把宁波和舟山作为重点区域。考察和了解茶俗，他曾驻足天童寺，对太白山茶区之行记叙更详。19世纪以刘峻周为代表的宁波茶叶技工20余人应邀到格鲁吉亚，更让茶俗的基因延绵到国外。2015年5月，在意大利罗马古城的联合国粮农组织总部，来自奉化区的茶艺师以"青瓷与茶"为主题表演了奉化曲毫茶艺，使宁波茶俗在音乐声中名扬四海。

纵览《茶俗典》全书，在内容安排、点面结合上做了不少努力，许多章节都配有生动的事例，读来能给人留下较深的印象。当然，其中最根本的原因在于宁波茶俗自身的独特性和丰富性。但宁波茶俗年代之久、影响之广，仅靠笔者涉猎所记，难免存在纰漏和不当之处，敬请读者和方家指正。

目录

宁波茶通典·茶俗典

总序

前言

序章　茶地名：茶俗的活化石

第一章　茶风：茶礼风情　沁人心脾

第二章　茶水：名泉名茶　相映成趣

第三章 茶馆：社会浓缩 千秋遗存

第四章 茶亭：星罗棋布 铭记乡愁

第五章　茶文：文采风流　载歌载舞

尾章　新茶风：新世纪　新风尚

序章 ◎

茶地名：茶俗的活化石

风俗，或称民间风俗，是指一个国家或地区的民众所创造、享用和传承的最基层、最本原的生活文化。它产生于人类社会生活，通过民俗文化的主体——人，代代相传，生生不息，成为社会生活的重要组成部分，并需人们共同遵守的生活模式。而茶俗，则是与茶有关的风俗，故亦称茶风，包括有关茶的风尚、礼节和习惯，等等。

茶俗在中国民间具有重要地位，因为茶是中华民族的举国之饮。它发乎神农，闻于鲁周公，兴于唐朝，盛在宋代，如今已成为风靡世界的三大无酒精饮料（茶叶、咖啡和可可）之一。饮茶嗜好遍及全球，现全世界有150多个国家和地区的近30亿人钟情于饮茶，人均年饮茶0.6千克，日均消费茶40多亿杯，与咖啡、可可相比，茶已成为最大众化、最有益身心健康的营养保健饮料。寻根溯源，世界各国最早的茶叶、茶种、饮茶方法、栽培技术、加工工艺、茶事礼俗等，都是直接或间接地从中国传播出去。在国内，人们都将茶称之为"国饮"。故研究茶俗，对研究中国的风俗、风俗史，以及研究中国和世界的茶业史，都有重要的意义。

研究"国饮"，首先应该抓住它最大的特点，即"雅俗共赏"，高至达官贵人，低到市井庶民，均能与茶结缘。

茶的"雅"，可以雅到庙堂之高。如1982年春节期间，《人民日报》以头版头条报道"座上清茶依旧　国家景象常新"，特大号的"清茶"一词赫然上了《人民日报》的通栏标题，称得上是茶文化的一个荣誉吧。这个标题在当年的新闻评奖中获得大奖，可谓是会议新闻中的经典标题。

从"俗"的方面说，又可以俗到市井百姓。这又有一个有名的例证，即北京前门的"大碗茶"故事。1979年，北京大栅栏街道办事处的干部尹盛喜，为解决20多位待业青年的就业问题，用借来的1 000元起家，从卖2分钱一碗的大碗茶开始创业，到如今拥有老舍茶馆这样的国内规模最大、知名度最高的茶馆，一直到2003年7月尹盛喜先生去世，大碗茶的发展一直是新闻界关注的热点，有很多成功的连续报道。其中也有一副广为传播的对联"大碗茶广交九州宾客　老二分奉献一片丹心"。

"雅"可以雅到上《人民日报》头版通栏标题，成为人民大会堂国宴厅的佳茗；"俗"可以俗到只卖2分钱，摆在地摊上为北京前门大街上南来北往的旅客解渴。作为"国饮"的茶文化的真谛，从中略见一斑呢。

了解了茶俗最大的特点"雅俗共赏"，就是为研究茶俗找到了一把钥匙。为了深入研究宁波的茶俗，我们先从宁波的一些地名说起，这些地名，蕴含着宁波茶文化的历史底蕴，说明了茶文化深入的程度，具有很深的雅俗共赏印记，称之为宁波茶俗的活化石，是十分恰当的。

第一节　河山与茶俗——余姚茶地名的故事

宁波有很多历史地名，堪称活化石，蕴藏着优秀的传统文化元素，其中就包括茶俗的传说，有的显山露水，有的含而不露，却都很有意思，细细想来，耐人寻味。说来话长，就先从闻名中外的河姆渡2 000多年前的一个故事说起吧。

那年酷暑，天气久旱不雨，在河姆渡遗址的姚江南岸，一位50多岁的大婶设着茶摊，为过往行人施茶。当时那里是交通要道，山有竹木茶桑，江有鱼虾贝蚌，大多要经过河畔茶摊。肩挑背驮的山民渔夫到此喝茶解渴，总是向大婶道不尽谢意。有的干脆从袋中摸出小钱以示酬谢。有位山民对她说："大婶，你做好事，以前还有摆渡的儿子补贴你烧茶，这段时间大旱，河底翻天，河床开裂，人们来往行走不用渡船，收点烧茶钱也是应该的！"

大婶对这样的过往行人总是和蔼地回答："儿子小河近来不撑渡船，跟着山里人去卖茶叶。大家挣的是辛苦钱，我这里的日子过得去就好。何况茶叶、六月霜等烧茶用的也都是随缘乐助，免费给大家的，我贴点柴火也是应该的。"

大婶在河边免费施茶，日子一天天继续下去。

在这久旱的日子里，一天来了一老一小，为父女两，老人满头白发，女的只有20来岁。看上去是远道而来，显得十分疲惫。烧茶大婶忙着递茶送水，和那姑娘攀谈，听到姑娘说："我父亲虽年事已高，但平时身体健康，只是这次长途跋涉，路途疲劳，又遇上江南天热，连日来身体不适，大热天没流汗，体温高，感到头晕、乏力，想在河边树阴下多休息一会儿。"

大婶见状，自然十分同情，知道这是中暑所致。茶摊上设两缸茶，一缸是纯茶叶，主要用来解渴，另一缸有茶叶又加山中采来的六月霜，有点苦味，既解渴又防治中暑。大婶见只饮六月霜茶水还不足以解老人中暑，又从茶箱里取出一瓶烧酒杨梅，告诉老人，这是民间治中暑的良方，用这里的杨梅浸烧酒，吃上几粒会有收效。

老人在茶摊树下躺了一个时辰，在大婶和女儿护理下，热度开始退了，身上出汗，精神也好多了。夏日天黑得晚，老人带着女儿到大户人家投宿。

别看老人须发皆白，一路上他到过的大户人家，经一番交谈后，没有不热情接待他父女俩的。老人懂得天文地理，那天他往河北方向如今的三七市走去，向一户殷实人家提出抗旱取水之计，说掘地三尺，必有涌泉相报。此言果然灵验，至今还留有黄公潭的地名。此后父女两人活动在浙东一带，好事佳话频传，却不忘河畔烧茶大婶，还帮她建造茶亭，得到周围大户人家资助，儿子小河以摆渡为业，也得到周到的安排。

可是，有一天风雨大作，大队兵马来到河畔，为首的大将人称陈豨，奉朝廷之命，来追寻老人。

陈豨到这个茶亭驿站询问烧茶大婶，便知他奉命来追的人就在这一带。原来他从大婶口中得知这里带北方口音的人很少，只有父女两人，便命令兵马在这里驻扎下来，并向百姓发出告示要抓捕父女俩。

上述河姆渡畔的民间传说并非空穴来风，竟与2 200年前的一段历史有直接的关系。

司马迁《史记》及《汉书》有记载：故事中的老人，原来姓崔名广，齐国人，曾经隐居在夏里修道，称夏黄公而闻名。秦末避乱，他与东园公、甪里先生、绮里季一起隐居陕西商山，因四人年龄都八十有余，须眉皓齿，被称"商山四皓"。汉朝初年，刘邦想废掉柔弱的太子刘盈，另立爱妃戚夫人之子赵王如意。吕后采用张良（子房）的计谋，要儿子刘盈作书，用卑辞厚礼迎来商山四皓。有一天宫宴，商山四皓侍立在太子身后。刘邦一见，觉得奇怪而问："彼何为者？"四人各自禀报姓名。刘邦十分惊疑。宴毕，他便对戚夫人说："我欲易之，彼四人辅之，羽翼已成，难动矣。"意思是说，本来我想废掉太子，没想到这四位老人如今会跟从吾儿刘盈，并且辅佐于他。看来刘盈羽翼已成，太子之位难换了。后来，商山四皓得知中了专横跋扈的吕后奸计，戚夫人和赵王的境遇惨不忍睹，于是离开刘盈而奔走他乡，夏黄公便来到了浙东。黄公得知朝廷派人来追寻他，隐入河姆渡茶亭不远的深山，后来称为"大隐"的地方。陈豨也是位礼贤下士之人，深解黄公意愿，在浙东也留有文化遗迹。他以找不到黄公回复皇命。而黄公在浙东尽管四处奔走，却对江畔茶亭别具深意，加之那里山水秀丽，后来黄公墓就建在河边山上，以黄墓山得名，渡口称黄墓渡，茶亭称黄墓渡茶亭。

黄墓山下姚江有过沉船，黄墓山后也有称复船山的。但黄墓渡茶亭的故事千秋延续，地方志上都有记载。文人墨客到那里更有吟咏《经黄墓渡有感》之类，有如下诗记，"子房水石投，商山奚借重。商山虽云高，乃为雌吕用。异者孝惠屏，七年辜汉统。黄公胡为者，遁逃句甬东。爵禄不可羁，万古激清风。我来寻遗垄，不见汉黄公。但见沧江上，芝田烟霭中"。另有一诗记叙述了河姆渡称黄墓渡的缘由，"已托芝歌不染尘，黄肠犹旁孝慈邻。到今山渡皆传姓，莫向滔滔去问津"。

黄墓渡茶亭的茶风俗延续到清代乾隆五十年（1785），其时渡口茶亭已为"宁郡通衢"之地，"登程客才吃茶去，渡水人从彼岸来"，人们逗留片刻在此吃茶，人气之旺，为2 000年前烧茶大婶想象不到。在渡口北岸建有三间瓦房茶亭，墙上嵌有《黄墓渡茶亭碑》，碑文记述"选茶亭、筑河岸、置渡产、修渡船为社会善举，风气之盛，参与人员之多"，写明"老渡产按老碑所记，不再重复"，新增渡产有山有田。碑文写到一爿柴山被僧人典押在外，将新增渡产地名、方位、面积写得十分明确，其中两丘渡产为4亩6分①。

20世纪70年代，《浙江日报》载文，披露震撼中外的新石器时代河姆渡遗址的地名，原称黄墓渡，有《黄墓渡茶亭碑》佐证，此茶亭碑原件现为余姚市文管会收藏，河姆渡遗址建筑标志旁设有新碑，上面刻着碑文。那重达数百吨的三块巨石叠成的亭碑，仿佛是原始氏族的高大门楼，在那里书写着真实的茶俗故事。

有茶亭自然要有茶。在河姆渡南岸车厩岙里有三女山。车厩地名出自越王勾践卧薪尝胆之时，当时为停车秣马之地。北宋有一年清明之后，三位姑娘在岙中采茶，在归途中又累又热，看到一条清溪，忍不住在溪水中嬉戏。没想到老天突然变脸，顿时雷电交加，三位姑娘不幸被十二声响雷击中丧命。雨过天晴时，溪边出现了三座犹如三位

---

① 亩、分为非法定计量单位。1亩＝10分＝1/15公顷。——编者注

少女相偎的俏丽山峰，此后山中便长出又嫩又香的茶叶，传说就是三位少女留下的。那里的茶叶被称为"四明十二雷"茶，元明两代历时300余年都是贡茶。

茶山地名含而不露，凄美的故事含意深刻。四明八百里盛产茶叶，茶农精加工的情况也可在山名、地名中寻到遗迹，这就是别具一格的四明山镇茶培村了，原本名为"茶焙村"。当时村里挨家挨户种茶，姑娘们采茶眼明手快，但制茶加工过程中却出了笑话。往年茶商采购村里的茶叶，质地优良，这一年从村里收来茶叶，冲泡时茶汤或出现焦味，或没多久茶汤泛红，与原来收购的碧绿、清香、有回味的茶汤相比，迥然不同。制茶的姑娘还嘻嘻哈哈地说起茶谜，说茶叶不是有个"长在山上，死在火里，活在水里"的谜语吗？原来她们将鲜叶制成干茶过程中，第一道猛火杀青操作过度，在烘干焙燥中又马虎了事，结果那年多家茶叶卖不出好价。追寻原因，原来村里堪称煮茶老手的两位大伯大妈过世，年轻人对茶叶加工之事只知其然，而不知其所以然。经过这一事件，村中老小吸取教训，认识到茶叶产地也必须重视加工，鲜叶用猛火杀青时，动作要快，在双手不停揉捻时，不出焦叶，可保持茶叶清香。至于烘干这道工序，需用文火热锅，强调一个"焙"字。从此，村里男女认识到茶叶质地要达到优良，干茶必须含水量低，干茶冲泡时茶汤才会长时碧绿，散发清香。从此村名改为"茶焙"，远近闻名，如今改名为"茶培村"也许含意更为广泛。

黄墓渡、三女峰、茶焙村三个地名都与茶史有关系，特别是茶焙村直接将茶工艺嵌入了地名。其实，宁波地名中蕴含茶俗的远不止这几处。茫茫四明山连接到天台山，巍巍四明山向东延伸到海滨，直至舟山群岛，都有散落的茶事地名。

第二节　梅山存茶风——北仑茶厂跟的由来

　　地名反映茶俗，茶俗连着茶源，特别是好茶产地，都有与"山"连着的地名，如宁海有茶岩，象山有珠山，奉化有安岩，海曙有天柱山，鄞州有大梅山。前人曾为地名题诗云，"沙净岩根石吐涎""春茶叶岩际，岂输阳羡名"。且说北仑区柴桥的地名，从前是浙东著名的四桥之一，与绍兴柯桥、奉化大桥、黄岩路桥齐名，而柴桥茶市更为四桥中的特色。地方志上明确记载，"瑞岩产茶既多，柴桥则有茶市，外洋邻省来此设庄购茶，其盛时销额可达二三十万缗"。柴桥设有茶庄，相当于后人所说的专卖店，可见收购茶叶时间之久、数量之多。于是柴桥至今留存"茶亭街"的地名，默默地诉述着当年茶市的繁荣。

　　许多地名因茶而产生的独特故事，耐人寻味。如同属北仑的梅山岛上，有个地名叫"茶厂跟"，离茶山不远，靠港口很近，这个地名与茶又有什么关系呢？

　　北仑位于海与山的接合部，有着种茶的优势，众多的青山幽谷里，海风吹不着，长年气候温和湿润，极易种出茶芽肥厚的好茶。瑞岩寺、灵峰寺、龙角山在志书上都记载着是产好茶之地。茶厂跟则另有其天时地利人和之优势。别看"茶厂跟"村口的巨壁上只有三个金色大字标记，讲起这一带的茶风故事，有的人说三天三夜也讲不完。

　　梅山港这个俗称"茶厂跟"的自然村，是个依山傍海的渔村，当地的周山涓女士向来访者讲述了自古以来流传着有关村名来历的故事。

　　很久以前，南汇山东南海滩旁有个小村子，住着十几户姓林的贫苦渔家。俗话说，"在山靠山，在海靠海"。林家村的人们只好靠下海涂采捕贝螺和鱼蟹，上山岗种植番薯为生。尽管人们起五更落半夜，一年三百六十天劳作，平日里还是吃不饱、穿不暖。所幸的是乡亲们的日子虽然过得清苦，可家家户户和睦相处，世世代代友情甚笃。

有一年，一个初春的夜晚，天空突然刮起了"龙神暴"，平时宁静的港畔小村，顿时狂风呼啸、浊浪滔天。一阵龙卷风袭来，竟然把村民林有德的三间茅屋掀翻了。幸亏这场暴风只肆虐半个时辰就停息了，乡亲们得知有德家房子被掀翻的消息，纷纷从被窝里钻出来，赶到有德家修起房子来。当大伙儿七手八脚忙碌了一阵子后，才发现刚才被狂风掀翻的五条毛竹屋梁都折断了。唉，这是巧妇难为无米之炊呀！正当大家无可奈何之时，林有德的弟弟林厚德在一旁说："哥，事到如今还有啥办法？不如我跟你到海塘边去瞧瞧，也许海龙王会给你送来修屋的木头或者毛竹的。"大家听了都纷纷赞同。因为在海边住得久了，谁都知道，每次大风暴过后，大海上总会有漂浮物被大风大浪推到海塘边来的。于是林家兄弟怀着侥幸心理，手提灯笼，匆匆来到海边，期望今晚龙王爷会有不菲的施舍。

那时候正逢潮落，兄弟俩在海堤上东张西望地搜索起来。忽然，他俩发现一里外的海涂上，好像一夜之间长出了一座"礁石"，黑黝黝的，兄弟俩顿时怀疑起来。"这不是礁石，可能是翻了的大船。走，下去看看。"有德凭着自己几十年的海边生活经验，满有把握地说。

兄弟俩卷起裤脚、光着脚丫，踩着寒冷彻骨的海涂，向目标跋涉而去。当兄弟俩走到黑乎乎的庞然大物跟前时，有德提起灯笼一照，大吃一惊。天哪！果然是一艘被风暴掀翻的大帆船，船舷上还伏着两个浑身湿淋淋的、已经昏迷的中年男子，身上还用绳索把自己牢牢地捆缚在船底肋骨上。林家兄弟见此凄惨情景一时不知所措。厚德走到有德身边，急急巴巴地说："哥，怎么办？如果把他俩救了，日后对我们不一定有好处，如果趁现在神不知鬼不觉地把他俩甩了，那么，这条大船就是我俩的了……""呸！你这个没心没肺的畜生，亏你说得出口。救人要紧！快！还待着干啥！"有德扔掉灯笼，一边厉声呵斥着，一边急忙上前解开绳索，背起昏迷的船员，步履艰难地向岸上赶来。

午夜时分，船员被安置在没有房顶的有德家中。乡亲们得知有德兄弟家来了两位落水昏迷的船员的消息，立即又从热被窝里钻出来帮忙，寂静的小村子又闹腾起来了，有的替两位船员脱衣准备洗澡、有的烧水、有的生火盆、有的从家里搬来新的被褥……老人们焚起香烛，在地上磕头膜拜，祈祷老天爷保佑两人起死还生；年轻力壮的都带上木桩绳索和铁锤，到海涂山给大帆船打桩去。直到晨曦初露，船员们的身体开始蠕动起来，操劳了一个通宵的乡亲们才离去。

　　第二天上午，船员们终于苏醒了，他俩的双眼环视四周，只见一大群笑容可掬的人向自己嘘寒问暖。这时，他俩立即泪如泉涌，泣不成声地诉说起昨晚途经佛渡水道时遇上了"龙神暴"，惨遭船翻人亡之灾。原来他俩是福建闽南人，年长的姓陈，是船主兼老大，年少的姓林，是位经营茶叶生意多年的富商。前天，他刚从家乡收购了千余斤①乌龙茶"铁观音"，租了陈老大的船去上海，万万没想到会翻船，至今还有两个伙计落水失踪……林老板说到这里号啕大哭起来。林有德夫妇见他痛不欲生的样子，马上婉言劝慰道："老板呀，俗话讲'天有不测风云，人有旦夕祸福'，如今伙计不见了，人不能复活，值得庆幸的是你俩总算逃过了鬼门关，应该节哀自重啊！在我家安心休养一段日子，待我们把船修好了再回去料理后事……"

　　林老板与陈老大暂住林家没几天，渐渐感到坐卧不安、度日如年。原因是林家兄弟和乡亲们为人如此热情豪爽、善良勤恳，这真是走遍天下也难找到第二家。可是，眼前户户过着缺吃少穿、住着破旧茅舍的清贫生活，如今自己又成了救命恩人的累赘，那种苦楚和无奈时刻煎熬着林老板的内心，因而使他如坐针毡，愧疚难言。

　　隔了几天，林老板见到林家兄弟，吐露了自己想帮助他们脱贫致富的想法。有德问道："依老板之意你有啥高见？"林老板说："当今世界无商不活，兄弟如果不嫌弃我，日后就跟我出去做生意，年金不少于万

---

　　① 斤为非法定计量单位，1斤=500克。——编者注

斤稻谷，不知兄弟有意否？"有德答道："跟您经商这是我做梦也想的好差使，可惜我兄弟俩都不识字，更不会计算烦琐的账目，这如何是好？"林老板听了觉得恩人说的也实在。于是换了个话题，"看来你们这里有山有田，从现在开始可以多种些茶树，两三年后，我从家乡送来制茶设备，带上茶师傅，帮你们办茶厂。那时候，你们做老板，我管营销，保你赚大钱，也让乡亲们过上好日子，你俩是否觉得可行？"林家兄弟闻言，连声称赞道："好！好！"兄弟俩随即与村民商量开辟茶山。村民却有疑惑，开山种茶要两三年后才有收获，还得担心林老板会不会来办厂、生产的茶叶能否卖得出去的问题。还有更重要的原因，那就是眼前的生计，若到附近盐场晒盐，虽然又苦又累，总还能过上半饥半饿的日子，若到山上砍去柴草，松土种茶，家中老小马上会穷得揭不开锅。林老板听林家兄弟这么一说，想到船舱密匣中还藏有铜钱银两，想取出一部分给林家兄弟，却被推辞婉拒，兄弟俩说："我们海边人，家里虽穷，却不忘'救人一命，胜造七级浮屠'的古训。现在你俩虽然死里逃生，可是损失那么惨重，我们怎能接收你们的救命钱呢！"

林老板想到大帆船即将修好，密匣中的铜钱银两足以当开垦二三十亩茶山的本钱，唯恐再遭林家兄弟拒绝，就说两三年后，用茶叶抵这本钱也不迟。林家兄弟办茶厂心切，便依从了林老板的提议，带领村民到村边开辟茶山。

转眼间，林老板和陈老大在村里已住了四个多月，大帆船也修好了，准备回福建老家。两人把这个有救命之恩的乡村作为第二故乡，其间除了指导村民上山种茶之外，还到柴桥、瑞岩寺一带访问。在柴桥，看到茶市兴旺，茶商来自四面八方，十分繁华，难怪后来柴桥有"小上海"之称呢。瑞岩寺一带的山上是漫山的茶园。林老板是个有文化之人，与瑞岩寺方丈谈及禅茶十分投机。方丈拿出志书，指着书上所载，"宋绍兴年间，瑞岩山、灵岩山、奉化雪窦山、象山珠山、王狮山皆产佳茗"。林老板听后感叹良多，于是对陈老大说："这次我和你化险为夷，得感谢林家兄弟。从种茶开始，办茶厂，卖茶叶，不光是向林家兄弟及父老乡亲酬谢救命之恩，对于我们做大生意也大有奔头。"他对日后办好茶厂信心满满，要把梅山作为茶叶销往全国的一个基点。

离村那天，林老板和陈老大乞求乡亲们允许自己在村子旁边建造一座十丈占方的天后宫，供奉妈祖娘娘，以此铭记再生之恩，众乡亲们听了，无不拍手叫好。天后宫落成那天，林老板偕陈老大与林家兄弟一起，在供奉的妈祖娘娘神祀前滴血为盟、义结金兰。

两年后的一个春天，林老板回到了阔别已久的林家村，他不但从家乡运来了整套制茶设备，还聘请了两位制茶师傅。在林家兄弟的张罗下，茶厂终于办起来了。

在制茶师傅的指导下，林家兄弟和五六位村民在厂里学着制茶，工艺多达十多道，开始只记得采制鲜叶的时间为晴天午后为好，其他工艺跟在师傅后面一步一步学习操作。他们只感到与平时村人自制自销的绿茶加工不同。当茶叶工序完成后，师傅一边请村人品尝，一边结合茶汤进行讲解。村民们尝到茶汤色泽与绿茶不同，色泽褐绿，不似绿茶碧绿透亮，开始大家不以为然，但几口茶汤落肚，尝到滋味甘鲜、回味悠长，尤其是茶香浓馥，与绿茶淡淡的清香不同，而且茶汤香气耐久。师傅见村民对新制作的茶汤由疑惑到脸露喜色，笑着说："这茶名叫铁观音，因汤味珍贵，堪比观音菩萨净瓶圣洁之水而得名，又因干茶颜色像铁而冠以'铁'字。"他还向大家说明茶叶有六大类——绿茶、红茶、青茶、白茶、黄茶、黑茶。按加工技术来分，绿茶是不发酵茶，青茶是半发酵茶，红茶是全发酵茶，而黑茶属于后发酵茶。通称青茶的乌龙茶铁观音是其中的一种极品。经师傅指点，大家对铁观音的制作增加了兴致，认清铁观音从毛茶制作到成品茶有两大工序。仅毛茶制作，就要经晒青、晾青、做青（摇青）、杀青、揉捻、初焙、复揉、文火烘焙等10多道工序，其中做青是达到色、香、味俱佳的关键，然后进入筛分、风选等精制过程。村里茶厂由于工艺独特，质量上乘，从梅山到瑞岩山的茶农都来投售鲜叶，从柴桥到外地茶商也前来采购铁观音，茶厂办得越来越红火。为便于陌生人来茶厂办事，林家村的地名也改叫茶厂跟，一直沿用至今。

茶厂跟的故事，至少要追溯到没有汽车、没有火车的年代，几百年来，梅山岛上的百姓以制作铁观音闻名，后来又学会全发酵的红茶制作。北仑茶农勤奋能干，新中国成立后，浙江为适应茶叶外销，便到镇海县（今北仑）试点发展红茶，至今在梅山保税港区的进口商品展销中心还直销本地红茶，为境内外人士青睐，这当然是后话了。

"茶香飘过千重岭，财源滚滚四海来。"由茶厂跟地名涉及的茶俗、茶风、茶德，在梅山、在北仑，以至在宁波，一直在延伸着……

第三节　茶山连茶院——宁海茶院乡的传说

再看由象山港与三门湾拥抱的宁海县。象山港港湾的入口小，腹部大，山上集雨面积广、溪流长，汇入港湾的淡水与海水相映成趣，呈现出碧海蓝天的景象。港湾周围又有高山挡风，在风平浪静的崇山峻岭中，宁海茶农发挥地利优势广种茶叶，更讲究茶叶品质，宁海有茶山、茶院乡等茶地名，自古就流传着茶叶的故事。

说起地名"茶山"，既大雅大俗，又可大可小，小到山村一个小茶园可称茶山，大到一个村落、一个乡镇也称之为"茶山"。这"山"的概念与如今"市"的概念一样，有大有小，有直辖市、地级市、县级市，甚至镇、村都可称"市"的。如外地人写信给余姚人，地址可写为"宁波市余姚市三七市镇三七市村"，同样为"市"，大小差距何其大也。同一个"山"也类似，四明山脉，人称八百里，所属各小山均有小名。当年天台山也一样，古代"四明天台同为一山"，晋代以后从天台析出，而宁海紧紧连着四明山脉和天台山脉，县内的桐柏山、梁皇山、盖苍山、赤岩山都有称天台山的。而今日的宁海茶山，原名盖苍山，因有与茶休戚相关的故事，后以"茶山"之名铭记在人们心中。

要说宁海"茶山"的来历，得从北宋年间有个叫宗辩的僧人说起。

宗辩具体生卒年月已不可考，只知他年轻时即皈依佛门，足迹遍及四方，40岁后来到天台山。他诵经学佛天台曹洞宗，同时了解了葛玄、葛洪的故事，知道他们在苏南茅山起步，在天台山脉活动的事迹，听到他俩为百姓解除贫病交迫的许多故事传说。一天，宗辩到归云洞看到葛玄茶圃，对道教和茶事的兴致更浓。道教在中国土生土长，是中华民族传统文化的组成部分。道教常以茶为载体，以展示道义。宗辩领悟到葛玄的用心良苦，准备在茶禅上下功夫。一天，宗辩带着两个小沙弥来到宁海，看到盖苍山是个好地方，但当时人烟稀少，十分荒凉，山中野兽出没，山上一时不宜驻足，他决定在山麓不远处先安下身来。当地百姓得知僧人要来村里建寺院，大家热情有加，有钱出钱，有力出力，纷纷资助建造寺院，这就是宁海地方志上有记载的宝岩寺。宝岩寺位于如今的茶院乡，曾是茶院乡一个行政村的村名，这个村以宝岩寺为中心，由宝岩寺、塘孔、下家山组成。

几年后，宗辩建造的宝岩寺香火兴旺，信徒众多，寺院里有大小僧人二十多人。从山麓附近的宝岩寺到盖苍山顶有段路程，小沙弥们经常行走在这条路上，有一次遇上山中老猎户，老人讲了种茶的故事，小沙弥听得津津有味，傍晚回到宝岩寺，就向宗辩讲述这个故事：

> 古时候，茶山还没有山名。山南边脚下是一片汪洋大海，山坳里散散落落住着几十户人家，专靠打猎为生。野兽肉吃多了，闹得人们眼睛红肿。渐渐地，有些人眼睛看不见东西了，有些人身体一天天瘦弱下去，猎也不能打了，只好坐着等死。

> 正当山里人性命攸关的时候，蓬莱、方丈、瀛洲三位神仙从海上云游到此山。他们见到山里人坐以待毙的困苦状况，

就商量着如何帮他们消除灾难，解脱困境。

蓬莱大仙说："蓬莱岛上有仙茶树，仙茶可以清心火、助消化，我把仙茶种拿来，教他们在山上植茶，让他们有仙茶喝，喝了会眼目清亮，健壮长寿。"

方丈大仙说："方丈岛上有仙菜，可以当菜蔬又可以做药，我教他们种菜，让他们多吃菜，吃了长力气，手脚轻便。"

瀛洲大仙笑笑不说。蓬莱、方丈两位大仙问他用什么仙法帮衬山里人，瀛洲大仙说："两位大仙所说的仙法甚妙，能解山里人眼前疾苦，还为他们子孙后代造福。不过，这样一来，他们吃喝不愁，不会再去寻生计，世世代代都困在山里头了。"

蓬莱、方丈二仙齐声问："您打算怎样帮衬他们呢？"

"二位请看——"瀛洲大仙大袖一拂，手向东方一指，"这东面是一个村落，叫岭峻"，又向南边山下一指，"这山下是大海。如果能从这座山的磨注峰下的五额头起，把这五个额头峰连接造成一座大桥，直通东面岭峻那个山谷，山里人就可以踏上天桥通向岭峻，从那个山谷出海。山上多的是大树，砍下大树，造成大船，下海捕鱼，出洋做生意，这样过的生活不就像我们神仙一样了吗？"

蓬莱、方丈二仙连连点头称好。于是，三位大仙各按自己的办法分头行动起来。

先来说说满怀宏图壮志的瀛洲大仙。瀛洲大仙驾起祥云到瀛洲仙岛，拿来一柄仙斧、一根仙凿，从磨注峰下的五额头开凿，向岭峻山谷方向进行凿山搭桥。当时正是黄昏时候，月亮刚刚上山，大仙站在山顶上，袍袖一展，东海立刻激起一阵大浪，卷起一座座小山，向着大仙所站方向汹涌而来。这时大仙施展仙法，让土地菩萨把东海中的小岛屿送来当桥墩用。接着，大仙又将手一扬，仙斧、仙凿脱手而去。霎时，半空中金光闪闪，叮叮当当地劈山声响个不停。

月亮落山，东方露白，五额头西角金鸡岩的金鸡报晓了。金鸡一啼，彭坑岭头铜鼓岩的铜鼓响了。正在运山的土地爷吓得不敢再运，连头都快钻到地底下去了。小岛屿不动了，散落在海中，造桥停止了。大仙收回了仙斧、仙凿，气得发抖，叫雷神击断了金鸡的下巴。从此，金鸡不啼，铜鼓不响，大仙也被气走，不再来管人间闲事。

方丈大仙驾起祥云回到方丈仙岛，拿来了一包仙菜籽，撒在大山上，顿时满山长出了嫩菜。只因大山上林木茂密，菜苗多被树阴遮住，长出不久又枯萎了，只在磨注峰腰朝南的山地里长了两种菜。一种像枣树，叶瓣丛生，山里人管它叫"山头菜"，这种菜可煮吃，还可驱虫。另一种像芥菜，但叶瓣细小只有两个指头宽，山里人管它叫"荚菜"，质地软，口味好，晒干更好吃。

蓬莱大仙驾起祥云回到蓬莱仙岛，拿来了仙茶和仙茶种子。大仙先煮好仙茶，给疲惫不堪的山里人每人一大碗。山里人喝了仙茶，眼肿消退了，毛病治好了，力气也有了，他们向蓬莱大仙磕头谢恩。蓬莱大仙把仙茶种子撒在大山上，撒遍角角落落。霎时间，满山长出了嫩茶，长得最茂盛的是那片广阔的山顶盆地，长得郁郁葱葱，本是荒凉的盆地变成了一片生机绿坡。山里人高兴极了，他们向大仙千恩万谢。接着，蓬莱大仙又教山里人如何种茶、采茶、煮茶和饮茶的方法，教会之后，这才驾云回仙山去了。

山里人感谢大仙的热心帮助，就把大仙教他们种下的茶叫作仙人茶，把这座大山叫作茶山。仙人茶在山上生生不息，供人采用，年年岁岁取之不尽，帮助山里人改善生活。

宗辩认真地听了小沙弥从茶山带回的这个故事，觉得很有意思。佛教追求"立地成佛""普渡众生"，道教强调"得道成仙""道法自然"，共同之处在于以人为本，造福百姓。海上有蓬莱、方丈、瀛洲三座仙山，虚拟的故事正是表达了这个意思。晋代大文学家孙绰（314—371）游天台、上四明，写有名作《游天台山赋》，就记录了这个故事，"涉海有方丈、蓬莱，登陆则有四明、天台，皆玄圣之所游化，灵仙之所窟宅"。

宗辩接着对徒弟们说："方丈、蓬莱和瀛洲是海上仙山的说法，纯属乌有。唐朝白居易在《长恨歌》中就说：'忽闻海上有仙山，山在虚无缥缈间。'而近于仙山般的四明、天台则实有其地，包括你们上山采茶的茶山，那十多万亩青山站立在海边，也为历代道人看好。茅山道人到茶山种茶，为我们佛界僧人创下基业，我们佛门也该用心为百姓造福尽力。"

宗辩学问渊博，他从宁海道士桥的地名着手，探讨到茅山道人到茶山种茶的行踪。江苏句容县有茅山，为道教圣地之一，原称三茅山，因茅盈和他的弟弟茅固在山中修道、为百姓治病而闻名。后来茅盈又受命到天台山等地修道，地方志上记茶山由白衣道人始种茶，即指此事。据《宁海茶事》一书中记叙，道人服饰为高筒白布袜，穿用时将裤脚套入高筒白布袜里，然后用带子扎系住，在青山中远远看去，上身的青衣还不如下身的筒布袜夺目招人，人们一传二，二传三，便称他为"白衣道人"。这白衣道人后来在宁海的多处遗迹，被称之为道士桥、茅山殿、茅山寺等。据传，茅盈为西汉咸阳人，按此传说宁海茶事始于汉代。若按文字依据为准，则有宋代宗辩的文字记载可考。再回到原故事，宗辩对徒弟们又讲到了眼前的话题，"茶山种茶早，只是基础，如何种出好茶，造福百姓那才是最要紧的"。

自古寺院僧人用茶，茶禅一味，不可或缺。"禅"为"禅那"的音译，意为"静思"。因此，古代寺院僧人亲自种茶、采茶。宝岩寺在宗辩带领下，在茶山采茶、加工，因其质量上乘，成了四周寺院僧人抢手的茶叶。因寺中僧人来不及上山采摘、下山加工，就动用了宝岩寺附近村民。虽然茶工工资微薄，但对于在饥饿线上挣扎的百姓来说，茶工成了难得的美差。只是这短工活僧多粥少，连小沙弥在村民面前也觉得既为难又同情。于是，十多位僧人私下计议，准备向宗辩师父建言，如果皇帝老子、朝廷大官要我们的茶山茶，那我们就可大批生产、加工，村民就有活可干，可谋生计。但也有僧人反对，你们说的只是假设、设想，京城离我们那么远，谁会理会这山上的茶呢？

不过多数小沙弥否定了这个意见，大家说师父宗辩有学问，又懂得好茶，如果有哪个大官认识他，肯定会有办法。寺中僧人到底了解宗辩，他不仅深谙道学、佛学，对儒学也深有了解，还知道北宋朝野茶风兴盛。宗辩20多岁曾游历过江南各地，见多识广，说不定茶山云雾茶可以销往全国。

僧人们七嘴八舌，说得有理，决定向师父进言。宗辩师父听了徒弟们的建议，心里也深受触动。想当初他去福建游历，和蔡襄曾有一面之交，因双方都有嗜茶兴味，谈得十分投机。当时蔡襄任福建漕运官兼管武夷山一带的贡茶事务，精于茶事，在大龙团茶的基础上，创制了小龙团茶，在建瓯督造茶叶入贡，受到朝野关注，官至端明殿学士。宗辩想到蔡襄在京，已非昔日在武夷山相见时的级别，去汴京不一定能见到他，但又想到和他有嗜茶同好，当年聊起茶事，大有相见恨晚之意，而且蔡襄有茶人风采，平易近人。寺中僧人则大力鼓励他去汴京，并说寺里大小事务僧人会包揽，尽可放心。

宗辩去汴京的成功之行，在宋《嘉定赤城志》有记，至今仍在大力传扬，"治平（1064—1067）中，僧宗辩携之入都，献蔡端明襄，襄谓其品在日铸上。为乞今额。"这则宁海盛产茶叶的典故，记录了宁海茶叶事业的兴盛史。

十万亩茶山，仅靠宝岩寺几十名僧人忙得难以招架，寺院周围的百姓纷纷投入采茶和加工队伍，大大改变了人们的贫困生活，四面八方来购买茶叶的人络绎不绝，有商人、有僧人，但上茶山路远山高，茶叶加工便在宝岩寺一带，没过几年，成了远近闻名的茶叶市场，周围几个村的百姓在僧人带动下，种茶、采茶、制茶、卖茶，十分忙碌。当地村庄原各有其名，但未体现名茶特色，外人也不易记住，于是将地名改称为"茶院"。为何称"茶院"，说来也有一番来历，原因是僧人忌商，说成茶市、茶街、茶店都不符合僧人的意愿，也难以体现山麓茶业兴旺的场面。而宗辩高僧命名为"茶院"为大家所认可。院者，物资荟萃之地或特殊单位，官署有叫作台院、殿院、察院的，类似现代把商场叫广场一样，茶院的地名由村、乡沿用，大有现在所说的茶城气势。

与茶有关的地名自然不仅仅是茶焙村、茶厂跟、茶院乡几处。还有很多散布在宁波各处的茶亭，往往也留下了地名的印记。如位于鄞州区东钱湖畔的茶亭村，就很典型。村名以茶亭得名，这个村口路边茶亭，在清代就是六脚二开间亭子，东行韩岭、象山，西通郭家基、寨基，为南来北往之人必经之地，茶亭为过往行人施茶，深得人们赞许。后改建成三开间，八柱朝南，有石沏茶具。但20世纪80年代建造宁横公路时被毁，当地群众不满足于只有茶亭之村名而无遗存，1995年再建了一个六角石亭，可见地名和茶事在人们心目中难以抹去。但根据宁波"拥江揽湖达海"的城市建设规划，随着东钱湖的深入开发，茶亭村整体迁移，茶亭也就荡然无存了。尽管如此，但茶的地名还留在人们心间，东钱湖有家企业即以茶亭命名，称为"宁波茶亭置业"，公司上下和谐，企业兴旺。

茶俗在长期的社会生活中，穿越时间和空间，在人群中传扬，在生活中扎根，成为当地优秀传统文化不可分割的一部分。但它的表现形式有其独特之处，既不像演戏那样，一时轰轰烈烈，也不像放烟花和爆竹那样，霎时震天动地，倏忽又销声匿迹。茶的地名和茶性一致，精行俭德，默默无闻，长期传扬在人间不消失，深深铭记在人们心间，难以忘怀。

第一章 ◎ 茶风……茶礼风情 沁人心脾

所谓茶风，与茶俗大致是同一概念。宁波茶风，即指宁波地区有关茶的风尚、习俗、礼节方面的总和。宁波茶风历史悠久，这是因宁波产茶饮茶的历史而决定的。早在西晋时代，洛阳道士王浮即写下了《神异记》，讲述了余姚人虞洪入山采茗巧遇道士丹丘子的故事，这是迄今为止发现的有关宁波茶事的最早文字记载。据《浙江省农业志》载，这也是浙江省最早的有关茶事的记载。唐代茶圣陆羽（733—804）在《茶经》中转叙了这件事，前后提到了五次，这在《茶经》中是绝无仅有的。由此可见宁波茶史、茶风源远流长。

茶风可分门别类、各显异彩。若以沏茶方法而言，有煮茶、点茶和泡茶之分；以饮茶方式而论，有品茶、喝茶和吃茶之别；以用茶目的而谈，又有生理需要、传情联谊和精神享受之说。将上述沏茶方法、饮茶方式和用茶目的结合起来，就形成多种多样的饮茶习俗。尽管饮茶方式各有千秋，但把饮茶看作是健身的饮料、纯洁的化身、友谊的桥梁、团结的纽带，在这一点上却是共同的。

第一节　茶俗与礼仪

一、宁波家庭茶俗

宁波人没有"喝茶""饮茶"的说法，只有"吃茶"之说。宋时四明山雪窦寺高僧重显有偈语引用咸启禅语云："踏破草鞋汉，不能打得尔，且坐吃茶。"这"吃茶"说法，从此在宁波普遍流行，以致沿用千余年之久。

旧时，家庭主妇晨起第一件事就是烧火炖茶。水开后，泡上"晨茶"，先敬佛敬灶神，再敬祖宗，后才沏泡给公婆、丈夫。老百姓家一般一天只煮一次茶。旧时没有热水瓶时，较富裕的人家将铜茶壶放在红泥小瓦炉上煮茶。亦有用瓷质的直桶型茶壶，上有一双铜拎把。内贮两斤热水，存藏在用棕丝编成、内衬棉絮等物的壶套中，以求保温，一般可以保温两三个小时。贫寒人家则将热茶水放置在大口径瓦缸的柴灰中"焐"，可以随时将瓦壶提出来泡茶。

夏暑季节则用凉茶缸，多为青花大瓷缸，上加木盖保洁。贫寒家庭则用瓦甄代替。内放草药，如藿香、青蒿、六月霜等，以求清热解暑。种田、割稻时，农村多用陶瓷的凉茶瓶，长圆形，肩部设有四个系头，可串绳提携，口为卷边沿，一般都无盖，用一只粗碗倒扣，既可当盖子又可当茶碗。瓶嘴则常用小木段当塞子，以防蝇、水蛭等进入。这种凉茶瓶多不泡茶叶，以白开水为主，有的放点草药。泥工瓦匠也喜用此类茶瓶，因它价钱便宜，携带又方便。

宁波人将用茶叶泡的汤汁，称"茶叶茶"。用其他东西泡煮的，如西洋参、枸杞、桂圆、菊花、金银花等，同样称"茶"，即使"白开水"也称茶，名曰淡茶。

江南城市的居民，大多喜爱品龙井茶。如今各种名牌精品茶众多，也就不仅仅龙井茶，宁波市民享用望海茶、瀑布仙茗、东海龙舌的有很多。品茶必须做到"境恰、水净、具精、艺巧、适情"，即要有闲情逸致，抛却烦闷琐事，避免公务缠身，方有兴致品茶。品茶时先要闻其香、啜其味，还须观其色、赏其形，因此，一般都喜爱用玻璃杯或白瓷杯泡茶，认为这样做，物质享受和精神欣赏能够兼得。

人们在品茗之际，还配用茶点。点心与茶茗相搭配不全为饱肚果腹，而在于增添一份乐趣。点心要色、香、味皆俱，一般都经过精工制作，不能粗制滥造。宁波的茶食点心花色众多，口味各异，分为糕、酥、饼、片、糖等类别，比较著名的有陆埠豆酥糖、三北藕丝糖、苔生片、水绿豆糕、楼茂记香干、溪口千层饼、海棠糕、油氽麻球、龙凤金团等。仅举龙凤金团一例，就知宁波茶点之精美：宁波十大名点之一的龙凤金团采用上白糯米、优质粳米、优质白糖、赤小豆、瓜子仁、金橘饼、红绿丝、糖桂花和松花等为原料。制作时赤小豆去杂、淘净、磨细，加工成豆沙馅；金橘饼、瓜子仁、糖桂花、红绿丝掺白糖，加工成盖糖；糯米与粳米按一定比例掺和，磨粉，蒸熟，用手捏成类似小碟子的形状，裹入甜味的豆沙馅，滚蘸松花，放到龙凤印板上压成扁圆形团子。成品有龙凤花纹，形如浮雕、典雅美观，软糯适度，味美香郁，甜润可口。

在中国南方，有吃早茶的风俗，俗称"一盅两件"，指的是一盅茶，两三件点心。最具代表性的早茶是羊城广州和香港、澳门特区的早茶。而近年来早茶风气逐渐北上，宁波一带也开始有了早茶馆，早茶融茶饮、茶食和茶文化于一体：茶饮，就是保留着饮茶的基本内容；茶食，就是在饮茶的同时还结合食品，充当早餐；因而被称为吃早茶。吃早茶常选在茶楼进行。

二、礼仪与茶俗

中国人接待客人，茶礼都是少不了的。客人进门坐定后，主人就会热情捧上一杯清茶，在青瓷或白瓷的茶盅、茶杯或透明的玻璃杯中放一小撮鲜嫩的绿茶，用开水冲泡成一杯名副其实的清茶。客人拿起清茶，先闻一闻茶水的清香，然后慢慢品尝，宾主边喝边聊，亲情、友情、乡情不知不觉融入清茶之中。

"寒夜客来茶当酒，竹炉汤沸火初红"。饮茶更多的时候出现在形式不同的社交场合，茶成为人与人交往的媒介或催化剂。清淡的茶水中，有纷繁的时空，有对世间万象的感悟，有情感交流的愉悦。通过饮茶所形成的和睦、平等、尊老爱幼的社会氛围，使许多矛盾得以化解，人与人之间更多了几分宽容和关怀，追求社会和谐也便成为茶文化应有之义。宁波人爱茶、善茶，茶在人们居家、生活、交往当中随处可见，真可谓到了"不可一日无此君"的境地。由于饮茶风行，客来敬茶的礼仪得到了充分的发挥和表现。

待客"吃茶"是一种礼尚。凡有客至，不问客人是否口渴，是否要饮茶，主人先煮茶，然后泡茶，双手捧一盏香茶，以表欢迎和敬意，客人必起身双手接盏，并说"谢谢"，复坐后，先轻轻地呷一口茶，以表谢意。如果客至而主人不泡茶，则是对客人的一种轻视和不欢迎的表示，识趣的客人就会告辞。反之，主人献茶，来客不接，或不"吃茶"，则是一种不友好的甚至是蔑视、挑衅的行为。至于喝什么样的茶，一般推崇清饮，就是将茶叶直接用开水冲泡，无须加入糖、奶、盐、椒、姜等佐料或果品之类，追求茶的原汁原味。清饮最能保持茶的纯粹，体现茶的本色。主客共饮一壶茶，其乐融融，其意浓浓，共同分享饮茶之趣，更有亲近感。

依宁波习俗，春节吃元宝茶带有浓郁的喜庆、吉祥气息。一般人家春节凡有客登门贺岁，沏茶时要在杯中放上两颗青果（橄榄）或金橘权当"元宝"，以此讨个彩头，象征新年"元宝进门，恭喜发财"。至于那些茶楼、茶室、茶坊，在春节期间，无论是对经常光顾的老熟客，还是初来乍到的新客人，都会更加殷勤周到。所用的茶叶当然要较往常高一个档次，杯中自然也有象征元宝的青橄榄或金橘，在茶壶、茶缸上还会贴上用红纸剪出的"元宝"。商界习俗，农历正月初五为财神日，亦称五路财神日，商家在请过财神后方可开市营业。一般农历初五五更祀神，也称接财神。是日，第一个顾客登门，呼其为财神，奉上的也是"元宝茶"，以示开笔赚元宝，并设五色茶点招待。第一个顾客不管营业额大小均给予优惠，或对折付款或馈送礼品，一派新年同喜同贺的吉祥气氛。

旧时宁波大户人家敬客多以盖碗茶相待。碗中的茶不宜过满，以斟七分为敬；若敬酒，则应斟八分，这便是平常所说的"茶七酒八"的来由。普通百姓人家日常备有一大茶壶，每日泡上一壶浓茶，俗称"茶娘"，来客时，以半盅"茶娘"兑水待客，这种茶的口感当然比不上新沏的茶鲜醇清香，但一杯在手，嘘寒问暖，拉拉家常，彼此间便会毫无拘谨。

宁波有"请吃酒，捱拜生"的说法，意思是请人喝喜酒（好日酒）多发请帖邀请；如遇长辈寿诞，晚辈和亲友则应主动前往庆贺，以免失礼。按宁波旧时习俗，人到30岁即做生（寿庆），含"三十而立"之意，有"三十不做，四十不富"之说。不少地方有"做九不做十"习俗，据传起因于四十岁，因四与死谐音，故提早一年做生，以后推而广之，相沿成习。富家五十始逢十做寿，称几十大寿。寿诞食品有玉（猪肉）堂（白糖）富（麸）贵（桂圆）和寿桃（即馒头，又称双寿馒头），将馒头叠成五层宝塔状，称"五代富"。寿期临近，儿孙向亲友发请帖。寿诞先日称"暖寿"，寿堂挂灯结彩，设香案，挂寿屏，点寿烛。富家60寿庆点寿烛7双，以后依此递增。寿公寿婆亦称寿星，分坐两把大座，受晚辈跪拜。如遇同辈拜寿，由儿孙代为还礼。寿庆之日有客登门拜寿，茶当然是少不了的，有的献上"糖茶"，考究一点的则用"莲子茶"，以示子孙满堂。寿筵后，向四邻分送馒头、金团，称"结缘馒头"。个别寿星亦有将所收的寿金，不用来办寿宴，而是再凑些积蓄，用于办学校和修桥、铺路、造凉亭等。

古往今来，多有乐善好施之士，重视社会公益事业。而在盛夏酷暑，为过往路人免费提供茶水，就是其中最让人称道的善举之一。在宁波，施茶的民间组织称为茶会。其中一类是永久性茶会，通常在劳动者密集的地方或交通要道建造茶亭。旁边一般立有碑石，上面刻上发起人、捐助者姓氏及所捐的具体物品、数目。茶会一般置有会产，施茶费用均可从中开支，施茶的时间为每年盛夏。另一类是在庙会期间施茶的茶会。一般有人牵头，由邻近的行业、商店支持所需费用。庙会施茶，在神灵的眼前行善，无须顾虑神灵失察或为人不知，故捐资者非常多。施茶时间多为菩萨的诞生正日，也可施一个香火期的茶。施茶所用的炊具，考究点的都备有一把大茶壶，紫铜制作，炉膛呈直筒形，柴梗由壶的上方投入，用辐射方式受热。水沸以后注入放有茶叶袋、青蒿梗或薄荷的缸内，茶汁泡出后，舀至绿钵头中，并排放在长条桌上。路人经过，口干舌燥之际，便用长柄毛竹筒直接舀茶解渴。而今，施茶之风仍延续不辍。东钱湖镇的戴安生老先生20世纪六七十年代时身处逆境，仍长期为农民送茶，被传为佳话；宁海县有600多位老人，坚持街头路边施茶，年年不懈，岁岁相续。

茶作为人际交往的媒介，在礼仪上还有多种形式，如乡里乡亲在新春季节碰面互相祝福的新春茶，上梁入屋时与左邻右舍相聚的入屋茶，姑娘出嫁前长辈亲戚聚集一起的女儿茶等。又如婴儿出生满一个月的"满月茶"，有由福寿双全的老太抱着在堂前剃"满月头"的习俗，理发师傅用祀过神的茶水，蘸新毛巾为婴儿洗头。以上种种习俗，都有茶的介入，说明茶文化在甬上民间积淀之深入和普及之广。

第二节　茶俗与婚姻

作为人生大事的婚姻，自然与茶有着不可分割的渊源。

吃茶与婚配的关系至少可以追溯到唐代，据《旧唐书·吐蕃传》载，"贞观十五年，太宗以文成公主妻之，令礼部尚书江夏郡王道宗主婚，持节送公主于吐蕃"。文成公主远嫁吐蕃松赞干布时，带去茶叶，并由此开创西藏饮茶之风。这估计是我国茶与婚礼联系的最早记载。唐代饮茶之风盛行，茶叶不仅是女子出嫁时的陪嫁品，而且逐渐演变成一种特殊的婚俗礼仪——茶礼。及至宋代，大诗人陆游在《老学庵笔记》中，对湘西少数民族地区男女青年吃茶订婚的风俗更有详细记载，"辰、沅、靖各州之蛮，男女未嫁娶时，相聚踏唱，歌曰：'小娘子，叶底花，无事出来吃盏茶'"。宋代的吴自牧在《梦粱录》中也说到了当时杭州的婚嫁风俗，"丰富之家，以珠翠、首饰、金器、销金裙褶，及缎匹、茶饼，加以双羊牵送"。在男女相见后，若中意，则由媒人沟通双方情意，议定茶礼，报送女家。"茶礼"作为男女确立婚姻的重要形式，一直沿用至今。明代郎瑛《七修类稿》亦载，"女子受聘，其礼曰'下茶'，亦曰'吃茶'"。姑娘"受茶"后，算是有了对象。明末冯梦龙在《醒世恒言》中，也多次提到青年男女以茶行聘之事。在《陈多寿生死夫妻》篇中，写到柳氏嫌贫爱富，要女儿退还陈家聘礼，另攀高枝时，女儿说："从没见过好人家女子吃两家茶。"清代，在曹雪芹的名著《红楼梦》里，凤姐笑着对黛玉说："你既吃了我们家的茶，怎么还不给我们家做媳妇？"这里说的"吃茶"，就含有订婚的意思。元代诗文家张雨曾作了一首《竹枝词》，词曰："临湖门外是侬家，郎若闲时来吃茶。黄土筑墙茅盖屋，门前一树紫荆花。"写的是一个纯情的农村姑娘，邀请郎君来自家"吃茶"，其词一语双关：既道出了姑娘对郎君的钟情，又说出了要郎君托人来行聘礼，送去爱的信息。用茶喻世寄情，既反映了中国古代妇女"从一而终"的儒家道德观念，又体现了中国青年男女祈求夫妻恩爱，"白头偕老"的美好愿望。

以上说的是历史文献和文艺作品中记叙的婚姻和茶俗，下面说说宁波的男婚女嫁中与茶有关的风俗。整个婚姻有一个复杂的过程，按时间顺序可以分四个阶段。

一、提亲与茶俗

十里不同风的宁波地区，有着各种不同的礼仪，但婚姻中"三茶六礼"的基本程序，却代代传承。所谓"六礼"，即一是"纳彩"，男家提亲并送去礼物；二是"问名"，女家同意相商，告诉女儿的生辰八字；三是"纳吉"，男家将男女八字请人占卜，得到吉兆后，通知女方；四是"纳征"，男家将聘礼送去女家；五是"请期"，男方择定婚期并备礼告知女家，也称"送日子"；六是"迎亲"，新郎去女家迎请新娘。从中可见，茶是打通婚姻关节十分重要的媒介。男婚女嫁时，双方在纳采、问名之后，若男方有意，则托媒人携聘礼上女家提亲，礼中必有茶，谓之"下茶"。女家允亲接聘，称作"接茶"或"受茶"，女方同时须回以一包茶和一袋米，以"茶代水，米代土"，表示将来女入男家能服"水土"；之后，男方再携礼（礼中也必有茶），与女方商定婚礼、迎亲日期，谓之"根定"，根定时所携之礼称作"定茶"。依照旧习，姑娘受一家茶礼是合乎道德标准的婚姻，如果再受聘于人，就要被世人耻笑为"吃两家茶"，意思相当于现今所指的重婚。所以当时有"好女不吃两家茶"之说。越剧《梁山伯与祝英台》中有祝英台的唱词"爹爹已吃了了马家的茶"，指的就是这个意思。"茶礼"在发展过程中，其内涵和外延也在不断扩大和丰富，以至于人们实际馈赠的彩礼中已无茶之实物，但"茶礼"之名不变，它作为一种独立的文化形态由此沉淀、固定下来。

二、嫁妆与茶俗

婚约定以后，女方就要准备嫁妆。旧时江南地区嫁女讲究排场，人们常用"良田千亩，十里红妆"来形容嫁妆的丰厚。所谓"十里红妆"是旧时嫁女的场面，红色在中国代表着喜庆、吉祥，是民间婚嫁中约定俗成的色彩。尤其在浙东宁绍一带，明清时期大户人家女儿出嫁，嫁妆用朱砂涂漆、黄金装饰、朱金木雕、泥金彩漆，工艺精湛、流光溢彩。结婚那日，橱、箱、桌、椅、凳、桶、盆、盒、盘等生活所需的家具、用具从女方家抬到男方家，组成一支浩浩荡荡的抬嫁妆队伍。在茶礼之风盛行的江南，"十里红妆"中有各类和茶有关的礼器，这些红妆茶器从大件的茶桌、茶几以及与之配套的椅子、凳子，到小件的茶盘、茶杯等，一应俱全。无论是茶礼礼器还是喝茶茶具，无不精雕细刻，装饰美观，显示着当时人们在茶文化生活中的讲究与排场。"十里红妆"知名度极高，宁波市的宁海县即以传承"十里红妆"著称，不仅将"十里红妆"列入了国家级非物质文化遗产，还让《十里红妆》的舞剧进入了国家大剧院，成为宁海县、宁波市的亮丽名片。

由于各地婚礼习俗和生活习惯的不同，红妆茶器的形制也不尽相同。如宁海的"十里红妆"中有一个个头特别大的木制茶壶，引人注目，做什么用的呢？原来在宁海，婚礼的第二天要举行隆重的"吃茶"仪式，前来参加婚礼仪式的长辈在厅堂正襟危坐，新娘在伴娘和姑嫂等人的陪同下，依次向长辈们敬茶，以示孝敬，也借此和各位长辈见面认识，长辈们在接过新娘递上的茶后，回赠红包。"吃茶"礼仪是婚礼中的重要环节，新娘要同时向多至数十位长辈敬茶，一般的茶壶无法满足敬茶所需，于是，嫁妆中就有了相应的朱红木制大茶壶。这个茶壶个头巨大，一次冲泡就可满足敬茶所需的茶水。相应数量的茶盘、茶杯和盛茶点的木盘等，也是"吃茶"典礼中的必备，是不可缺少的茶器嫁妆。

不仅如此。过去一些大户人家，喝茶非常讲究，嫁妆中自然也少不了日常喝茶所需的各种用具，如茶箱、茶桌、茶几、茶壶桶、茶叶罐、茶碗桶、茶道桶、茶盘等，品类繁多，从厅堂、书房到卧室，无不存列。茶箱、礼担是装茶叶和礼品的器具，提亲、结婚等环节都少不了它。茶壶桶是比较常见的茶器，内衬棉花、鹅毛等物，用来保温茶水，每当丈夫外出归来，妻子就会拿出在茶壶桶里准备好的茶水递上，解渴暖身，传达浓浓情意。茶碗桶是宁绍地区家庭必备的泡茶用具，形状为一个带盖的大圆桶，盖上有四个镂空的吉祥图案，每当家里来客，女主人会拿出茶碗桶来洗茶、泡茶，招待客人，其功能类似于现在茶道上用的茶海（又称茶船），分上下两层，上格放茶杯，下格倒茶叶渣和废茶水，既可招待客人，也适合独品怡情。在宁波，还有一种状如元宝的小木桶，桶上有盖，盖有两个镂空吉祥图案，方便于放茶杯和倒茶水，也是品茗佳器，据说为卧房里夫妻对饮时使用，温馨而又浪漫。旧时有"一两黄金三两朱"之说，朱金家具是中国民间家具中的精品。"十里红妆"寄托了父母对女儿难以割舍的爱，丰富的红妆家具，足以满足女儿今后在夫家的生活所需，其中的红妆茶具更是父母表达爱意的具体体现。

正式婚礼前，宁波还有"三道茶"的婚俗。旧时婚前三日，女家用大红帖子请女婿前往相亲，女婿在堂上拜见岳父，侍坐一旁，送上的是"三道茶"。所谓"三道茶"，第一道是"桂圆茶"，取富贵团圆之意；第二道是"莲子茶"，取子孙繁衍之意；第三道是"银耳茶"取白头偕老之意。"三道茶"女婿无须通通吃下，端一下也便算领情了。而今，新女婿初次上门也能享受"三道茶"的礼遇。这"三道茶"其实并非真正含义上的茶叶茶，确切地说是营养汤，但人们把"汤"作为"茶"来称呼，更多的是看重茶在礼仪交往中的重要作用，借茶崇礼，借茶传情。在宁波的婚俗中"阿舅"也可享用"三道茶"。新娘的兄弟在宁绍一带称为"阿舅"，在婚礼仪式上享有很高的地位，负有保护新娘、维护女家威仪的职责。迎娶之日，新娘要由阿舅抱上轿。

三、婚礼与茶俗

正式婚嫁礼仪上仍离不开茶。过去，宁波闺女出嫁均坐花轿。坐花轿含有明媒正娶、原配夫人之意，女子一生只能坐一次。迎亲之日，花轿出门，要以净茶、四色糕点供"轿神"；起轿时，女家放炮仗，并用茶叶、米粒撒轿顶；花轿进门，如若拜堂的时辰未到，新娘仍坐在花轿里，则由喜娘向轿内的新娘献茶。在进行了繁缛的拜堂仪式之后，新郎、新娘按辈分、亲疏依次向长辈行拜见礼，称"见大小"。礼毕，新娘子向长辈敬茶，称"新娘子茶"，长辈喝了新娘子的茶后，须将象征性的红包，俗称"见面钱"，压在茶杯下面，以示祝贺。这种礼节现今有些农村依然沿袭。有些地方婚礼上还有敬"三道茶"的习俗：第一道敬神灵，感谢神灵庇佑；第二道茶敬父母，感谢养育之恩；第三道茶夫妻互敬，表示恩恩爱爱、白头偕老。送新郎、新娘入洞房，宾客散去，会送上蛋煮糖茶，俗称"子茶"，新郎、新娘吃完就寝，寓生子之意。新娘茶毕才进入闹洞房程序。

新婚次日，新娘子要偕新郎回娘家拜见岳父母，称为"回门"。回门之前，中午男家要先宴请阿舅，吃"会亲酒"。阿舅到来，奉上的也是"三道茶"。当然，新郎、新娘回门之时茶也是不可少的，新女婿接过岳父母递上的香茶，感受到的是一份殷切的托付和深深的祝福。

四、以茶为礼寄忠贞

做媒过程中为何必以茶为聘礼？婚恋中又为何以茶来传递祝福的情愫？茶树四季常青，茶叶清心怡情，被人们赋予了永久和纯洁的象征，明藏书家郎瑛在《七修类稿》中认为，"种茶下子，不可移植，移植则不复生也。故女子受聘，谓之吃茶，又聘以茶为礼者，见其从一之义"。这种认识一方面反映了封建社会妇女"从一而终"的道德观念，但另一方面也体现了人们对婚姻坚守贞操的要求[1]。

更有不少著作从意蕴上对婚姻中的茶文化作阐释：许次纾《茶疏·考本》、陈耀文《天中记·种茶》中均有内容相类似的记叙，古人"凡种茶必下子（籽），移植则不复生。故聘礼必以茶为礼，义固有所取也"。清人福格在《听雨丛谈·茶》中还称，"下茶"与古之"奠雁"之意同。所谓"奠雁"，即男方向女方献雁作聘礼，最早见于《礼记》。《礼记·昏义》曰："婿执雁入，揖让升堂，再拜奠雁。"其义概而言之有三：一为"取其顺阴阳往来"之意；二为"又取其飞成行、止成列，明嫁娶之礼长幼有序，不相逾越也"；三为"取其不再

---

① 周衍平：《江南婚俗与红妆茶器》，载《茶韵》2013年第3期，第92—94页。

偶也"。民间多取陈说，即取雁配偶有定，情意忠贞、生死不渝之意。这与"茶不移本""移植则不复生"之意相同。因此，茶与婚姻的密切联系，除了其本身在生活中的实用之外，更多的是人们借茶这个清雅之物寄托种种美好愿望，于是茶便成了美满婚姻的象征物。所以，时至今日，在广大农村，仍称男子向女子求婚的聘礼为"茶礼"，称女子出嫁时随身携带的嫁妆为"下茶"，洞房花烛夜，少不了要喝一盅"交杯茶"呢！

第三节　茶俗与祭祀

一、茶祭祀的历史和传说

茶是天、地、人三者合力的结晶，只有三者有机结合，才能产出优质茶来。在古人看来，茶是性情高洁的植物，是通达灵性的。茶事从它始兴之日起，就受到了儒、释、道诸家的影响，其中，"天人合一"的宇宙观很自然地融入茶文化的一切活动之中。人们不仅饮茶取静、益思，还依靠饮茶来助清修、通神明。因此，茶在丧葬、祭祀活动中有很大的作用，民间留下了不少有关的传说，文献中也有不少记载。

东晋干宝的《搜神记》载，"夏侯恺因疾死，宗人字苟奴，察见鬼神，见恺来收马，并病其妻。著平上帻、单衣，入坐生时西壁大床，就人觅茶饮"。这个怪异故事，说是一个人看见夏侯恺死后回家向人要茶喝。这当然不可信，但它告诉人们，茶可以作为祭品。而比《搜神记》稍后的神怪故事集《神异记》则写得更有意思，说浙江余姚人虞洪上山采茶，遇见一位道士，牵着三头青牛。道士带着虞洪到了瀑布山，对他说："予丹丘子也。闻子善具饮，常思见惠。山中有大茗可以相给，祈子他日有瓯牺之余，乞相遗也。"虞洪就用茶来祭祀，后来经常叫家人进山，果然采到大茶。在这里，古人认为即使是"仙人"，同样也是爱茶的，这就是用茶祭仙的延伸。这类记载中说得最详细的要算南宋刘敬叔著的《异苑》，其中谈到，剡县（今浙江嵊州）人陈务的妻子，年轻守寡，和两个儿子住在一起，很喜欢喝茶。因为住宅里有一个古墓，她每次在喝茶之前，总要先用茶祭先人。她的两个儿子很讨厌这种做法，对她说："古冢何知？徒以劳意。"要把古墓掘掉，经母亲苦苦劝说，才算作罢。当天夜里，她梦见有个人对她说："吾止此冢三百余年，卿二子恒欲见毁，赖相保护，又享吾佳茗，虽潜壤朽骨，岂忘翳桑之报。"天亮后，她在院子里发现有铜钱十万，好像是很久以前埋在地下的，只是穿钱的绳子是新的。为此，她把这件事告诉两个儿子，他们都感到惭愧。此后，他们一家祭奠得更加虔诚了。这个故事反映了当时中国民间已有用茶祭祖的做法。

除民间传说外，历史文献中对此都有明确的记载，证明春秋战国时期，茶除了医用之外，已经被当作祭祀的珍品。《周礼·地官司徒》中提到有"掌茶"一官的设置，其职责就是"掌以时，聚茶，以供丧事"。据专家考证，"掌茶"类似于"酒正""浆人"，专门掌管皇宫用饮、用茶或负责祭奠祖先时祭品的准备。到了南北朝，齐武帝更是主张以茶饼代三牲为祭。齐武帝作为一个比较开明的君王，在位十年间南朝无大战事，百姓亦得休养生息。他死前下遗诏，"丧礼每存省约，不须烦民"，"我灵上慎勿以牲为祭，唯设饼、茶饮、干饭、酒脯而已。天下贵贱，咸同此制"[1]。这样，茶与酒一起早早地被摆上了祭坛，供上了香案，茶的功能也便超出了醒脑解渴的生理需求价值，包容了更多的精神和文化内涵。

---

① 《南齐书》卷三《武帝纪》。

二、宁波茶祭祀习俗

在古代，常用茶作为随葬品。在湖南马王堆出土的西汉墓中，随葬品里就发现有茶。这种做法，在中国民间有两种说法：一种认为茶是人们生活的必需品，人虽死了，阴魂犹在，衣食住行，如同凡间一样，饮茶仍是不可少的。如纳西族办丧事吊唁，子女会用茶罐泡好茶，倒入茶盅祭亡灵。因为纳西族人生前个个爱饮茶，死后也离不开茶，它表示晚辈对长辈的孝心和怀念。另一种认为茶适合"洁净"之物，能吸收异味，净化空气，用今人的话来说，即有利于死者的遗体保存和减少对环境的污染。在湖南中部地区，一旦有人亡故，家人就会用白布做成一个三角形的茶枕，随死者入殓棺木。

宁波旧时有"风俗尚鬼好祀"之说。其形成既与汉族传统的好鬼神尚祭祀的文化背景有关，又与宁波许多地方长期聚族而居的生活方式相联系。在宁波人的祭祀活动中，茶扮演了十分重要的角色。依照宁波习俗，春节、清明、中秋、重阳、除夕等传统节日，立春、立夏、冬至等时令节日，以及祭灶、谢年等民间诸节都要进行祭祀。宁波人祀神、祭祖、做羹饭，一般先要焚香点烛，祭桌上除了供奉"三牲""五牲"福礼和"放生鲤鱼"之外，两旁还要罗列"三茶六酒"，即三杯茶、六杯酒，以示隆重和丰盛。在平时，人们则每天早上在神龛或者祖宗牌位前供奉茶汤，谓之"净茶"。一些人相信喝了供过神的"净茶"可以驱邪、消灾和祛病。现今的祭祀虽没有过去那样隆重和规范，但"三茶六酒"的形式依旧延续。

佛教传说，农历七月三十为地藏王菩萨诞辰，是月敕游魂野鬼（饿煞鬼）入人间受供食，故七月多鬼祟，人们以祭祀鬼神来换福祉。旧时，宁波不少地方七月初一放开门焰口，月半放七月半焰口，三十夜放关门焰口。七月十五为中元节，俗称鬼节，过去人们请僧、道诵经，拜忏醮祭，做"盂兰盆会"，唱"八剧头"，焰口完毕，或放水灯，或唱滩簧、四明南词等，过午夜始散。放焰口日，祠堂、庙宇乃至路口、商店均做焰口羹饭，称助斋，除供素菜外，还设7～9碗茶水，名曰"盂兰盆茶"，沿街摆立用彩纸扎制的各式鬼王、牛头、马面、黑白无常等，到了七月三十地藏王诞辰，天将暗，各家先在门枋上或在屋檐滴水处放一条肥皂，插上三炷香，燃烛一对，以净茶供祀，供毕用此水洗眼，谓可眼目清亮，夏天不会患红眼病。同时，各家儿童沿石板缝或在泥地上插地藏香，次晨清早，儿童竞拔香梗，拔多者视为本事大。《鄞城十二个月竹枝词》云："七月秋风海角凉，儿童竞插地藏香。连宵焰口江心寺，万盏红灯放水乡。"记的就是此种情景。

清末民初，宁波鄞县最大的庙会是高桥会。相传南宋时为庆祝高桥大捷、纪念阵亡将士，宋高宗降旨建庙立祀，遂有迎神赛会，此后经800年不衰。高桥会有茶献百余处，供香茗、糕饼。有的村设路施，备黄酒、糖茶、豆芽，任行人享用。

至今，在宁波古刹禅院、妈祖庙里，常备有"寺院茶"，并且将最好的茶叶用来供佛。善男信女常用"清茶四（种）果"或"三（杯）茶六（杯）酒"祭天谢地，期望能得到神灵的保佑。特别是上了年纪的人，由于他们把茶看作是一种"神物"，用茶敬神，就是最大的虔诚。

第二章 ◎

茶水：名泉名茶 相映成趣

第一节　水为茶母

"扬子江心水，蒙顶山上茶""采龙井茶，烹虎跑水"，这是家喻户晓的茶经名言。有关"佳茗"配"美泉"之说，各地都有，这就是说，有了好茶，还须有好水。茶与水，亲如手足，水乃茶之色、香、味、形的载体，"水为茶之母"的说法极为准确。没有水的融合，茶中各种物质的呈现，饮茶时愉悦快感的产生，无穷意会的回味，都无法实现；没有水的冲泡，茶中各种营养成分和保健功能，无法经眼看、鼻闻、口尝的方式达到。水质若欠佳，茶中许多内含物质就会受到损害，甚至污染，人们闻不到茶的清香，又尝不到茶的甘醇，还看不到茶的晶莹，饮茶给人们带来的益处就会丧失，品茶给人们带来的物质、精神和文化享受也无从谈起。

一、历代茶人对水与茶关系的论述

对水的要求，说得最早的自然还数唐代茶圣陆羽，他早在《茶经》中就提出，"其水，用山水上，江水中，井水下"。还提出具体要求，"其山水拣乳泉，石池慢流者上""其江水，取去人远者。井，取汲多者"。陆羽在江苏扬州与御史李季卿同品南零水时，根据实践所得，提出"楚水第一，晋水最下"。并把天下宜茶水品，依次评点为二十等。进而断定"庐山康王谷水第一，无锡惠山石泉第二，蕲州（今湖北蕲春）兰溪石下水第三……"陆羽品水的结论还可以进一步论证，但他强调茶与水的关系，提出饮茶用水有优劣之分，并通过调查研究方法得出结论，这应该是符合科学道理的。

关于茶与水关系的论述能见到不少，大致的看法大多一致。笔者见到一份绍兴茶人论述材料，也认为名茶须用名泉之水相配，凡善饮者，均十分讲究茶之用水。"八分之茶，遇十分之水，茶亦十分矣；八分之水，试十分之茶，茶只八分耳"[①]。明代钱椿年在《茶谱》中指出，"凡水泉不甘，能损茶叶之严，故古人择水最为切要"。徐渭《煎茶七类》"品泉"中指出，"山水为上，江水次之，井水又次之。井贵汲多，又贵旋汲，汲多水活，味倍清新，汲久贮陈，味减鲜冽"。所以绍兴人自古主张名泉煮佳茗，方能相得益彰[②]。

在富于饮茶传统的宁波，众多的文人墨客中，也有两位名家对茶与水的关系阐述得深刻而得体。一位是明万历年间的罗廪（1537—1620），字高君，慈溪人，撰有《茶解》一卷。罗廪在《茶解总论》中自述，"余自儿时，性喜茶。顾名品不易得，得亦不常有，乃周游产茶之地，采其法制，参互考订，深有所会"。他明确提出，"名茶宜瀹以名泉"，并做了进一步的阐述：

> 古人品水，不特烹时所须，先用以制团饼，即古人亦非遍历宇内，尽尝诸水，品其次第，亦据所习见者耳。甘泉偶出于穷乡僻境，土人或藉以饮牛涤器，谁能省识。即余所历地，甘泉往往有之，如象川蓬莱院后，有丹井焉，晶莹甘厚不必瀹茶，亦堪饮酌。盖水不难于甘，而难于厚，亦犹之酒不难于清香美冽，而难于淡。水厚酒淡，亦不易解。若余中隐山泉，止可与虎跑甘露作对，较之惠泉，不免径庭。大凡名泉，多从石中迸出，得石髓故佳。沙潭为次，出于泥者多不中用。宋人取井水，不知井水止可炊饭作羹，瀹茗必不妙，抑山井耳。

罗廪认为从石、沙中出来的泉水为佳水，而处于泥中的肯定不行，

① 张大复：《梅花草堂笔谈》。
② 钱茂竹：《绍兴茶文化》，浙江文艺出版社1999年版，第124页。

除山泉外，"次梅水。梅雨如膏，万物赖以滋长，其味独甘。《仇池笔记》云，时雨甘滑，泼茶煮药，美而有益"。

另一位宁波人是与罗廪同时代的屠隆（1542—1605），鄞县人，明万历进士，戏曲作家、文学家。他当过青浦知县，作品繁多，类型丰富，学界有一种说法他是《金瓶梅》的原创者。屠隆对茶文化也有独特的贡献，他有一篇《考槃余事（茶说）》，阐述了他对茶事的见解。在烹茶选水上，屠隆追求"清寒"的境界。他以大量的篇幅论述了自己对水的体验，推崇秋水"白而冽"，指出"天泉，秋水为上，梅水次之。秋水白而冽，梅水白而甘。甘则茶味稍夺，冽则茶味独全，故秋水较差胜之。春冬二水，春胜于冬，皆以和风甘雨得天地之正施者为妙，唯夏月暴雨不宜"。他推崇雪，因为"雪为五谷之精，取以煎茶幽人清况"。而地下水，能达到清寒，屠隆认为是"乳泉漫流者，如梁溪之惠山泉为最胜"，因此，他在《龙井茶》一诗中说："采取龙井茶，还烹龙井水。一杯入口宿酲解，耳畔飒飒来松风。"认为有了龙井这样的好茶，须用龙井泉这样的好水来冲泡，茶经水品两足佳，才是一杯好茶[①]。

古代茶人，对宜茶水品的论述颇多，但由于历代品茗高手，嗜好不一，条件不同，以致对天下何种水沦茶最宜，说法也不完全一致，综合起来，大致可以归纳为以下几种论点：一是择水择"源"，即溪河的源头之水；二是水品在"活"，即活水非死水；三是水味在"甘"，即味带甘甜之水；四是水色需"清"，即清水非浑水；五是水质应"轻"，即少杂质之水。

二、水的选择

有茶联说得好，"泉从石出情宜冽，茶自峰生味更圆""采取龙井茶，还烹龙井水"。有关"佳茗"配"美泉"之说，各地都有。这就是

---

① 殷志浩主编：《四明茶韵》，人民日报出版社2005年版，第76—83页。

说，有了好茶。还须有好水，才能"茶经水品两足佳"。中国饮茶史上，许多茶人常常不遗余力，为赢得"一泓美泉"，以致"千里致水"也不在话下。

说到水的选择，不能不提到堪称百科全书的《红楼梦》，里面多次写到饮茶，提到的茶均是精品，如六安茶（产于安徽）、老君眉（即君山银针，产于洞庭湖）、普洱茶（产于云南）、龙井（产于杭州西湖），这些都是我国著名的茶品，在古代均是贡茶，从中反映出贾府的显赫与奢华。特别是四十一回"栊翠庵茶品梅花雪"里写到妙玉招待贾母、宝玉、黛玉、宝钗一行，更是精彩，还专门写到"好茶要有好水泡"的道理。当妙玉把茶端给贾母时，贾母道："我不吃六安茶。"妙玉笑说："知道。这是老君眉。"贾母接了，又问是什么水。妙玉笑回："是旧年蠲的雨水。"贾母便吃了半盏。接着接待宝、黛、钗，更为讲究，用的是五年前她在玄墓蟠香寺住着时收的梅花上的雪，用鬼脸青的花瓮埋在地下，"今年夏天"刚取出的，这是极其罕见又极其高档的"茶水"了，宝玉喝了"果感轻浮无比，赞赏不绝"，可见泡茶之水的讲究之处，好的茶要用好的水来泡才能显现出其特殊的品质来。

妙玉说到的雨水与雪水，古人称之为"天水"或"天泉"。比较纯净，是适合泡茶的水，下面就对各类水的优劣之处做简单的点评。

（一）雪水

此类水被称之为"天泉"，尤其是雪水，更为茶人所推崇，以为雪水煮茶，茶汤甘美清凉。唐代白居易的"融雪煎香茗"，元代谢可宗的"夜扫寒英煮绿尘"，都是赞美用雪水沏茶的。时至今日，宁波的山区、农村仍保留有"冬藏雪，夏煮茶"之习俗，雪水是软水，洁净清灵，用来泡茶，汤色鲜亮，色香味俱佳。不过，受大气污染的雪水是不可取的。

（二）雨水

雨水，又称"天落水"，空气洁净时下的雨水，为宁波人所推崇。

但因季节不同而有很大差异。秋天的雨水，因天高气爽，空中尘埃少，水味清冽，当属上品；江南梅雨季雨水，因天气沉闷，阴雨连绵，有利于微生物生长，因此水味当有逊色；夏季雨水，雷雨阵阵，飞沙走石，因此水质不净，也会使茶味走样，不宜饮用。但总的说来，不论是雪水，还是雨水，与江、河、湖水相比，总是洁净的，不失为泡茶好水。但因储存困难，现宁波人已少饮雨水。

（三）江、河、湖水

此类水属地面水，通常含杂质较多，浑浊度大，特别是靠近城镇之处，更易受污染。但在远离人烟的地方，污染物少，水又常年流动，这样的江、河、湖水仍不失为沏茶的好水。例如，我们很熟悉的一句广告语"这里的水有点甜"，就是指钱塘江上游的新安江，其下游的严子陵滩水，经陆羽品评，命名为"天下第十九泉"，那就更不必说水质清澈见底的上游水及其新安江水库，即千岛湖了。宁波类似的江湖也是有的，如姚江、奉化江的上游，宁海白溪水库、奉化亭下水库、余姚四明湖等，也不会比新安江、千岛湖逊色多少。

（四）井水

井水属地下水的一种，一般说来，悬浮物含量较低，透明度较高。但井水，多数属浅层地下水，特别是城市井水，易受污染，用来泡茶，有损茶味。所以井水是否适宜泡茶，不能一概而论。一般说来，凡深井且地下水有耐水层保护，污染少，水质清洁；而浅井，地下水易被地面污染，水质较差。所以，深井水比浅井水好。山区有的地方将泉池称之为"井"，也有水浅但质优的例证，如余姚市大岚镇柿林村就有优质泉井。

（五）自来水

现代人平时生活节奏快，工作忙碌，大多情况下，对泡茶的水不可能那么讲究，一般都是用自来水泡茶多。应该说，城市自来水水厂供应的自来水，经过水质处理，已达到生活用水的国家标准。但自来水中普遍存在漂白粉的氯气气味，会使茶的滋味和香气逊色。讲究一点，那就不宜直接饮用，作净水处理，或适当延长煮沸时间，以驱散氯气，用来泡茶，也能取得较好的效果。

（六）泉水

应该说，再好的水，也比不上泉水。泉水以及由此而形成的山溪水，大多是经山岩石隙和植被沙粒渗析而汇涓成流的。所以，水质比较清纯，杂质少，透明度高，少污染，常含有较多的矿质元素。

用泉水和山溪水泡茶诚然可贵，但水源和流经途径的不同，其溶解物、含盐量和水的硬度等，也会有较大差别，因此，也并非所有泉水和山溪水都是优质的，例如硫黄矿泉水等便是不能泡茶的[①]。

第二节　名泉寻踪

宁波地貌丰富，地形复杂，丘陵、平原、盆地、海岛、山谷、河流、湖泊，应有尽有，在这样的地理环境下，泉水叮咚、好水不尽的状况就层出不穷。而且，名泉与好茶往往连在一起，高山、泉水、名茶互为增色。下面介绍宁波市的15处适合泡茶的好水，以窥宁波市优质水资源的全貌。

---

① 刘枫主编：《新茶经》，中央文献出版社2015年第1版，第238—257页。

一、堪称华夏第一井

在中外闻名的河姆渡遗址上有口木桩竖井，从破译"井"字悬案中，彰显水文化元素魅力，令人叹为观止，应谓"华夏第一井"。

"井"字悬案得从汉字的造法结构说起。古人把汉字的造法归纳为六种，称"六书"，即象形、形声、会意、指事、转注、假借；转注和假借重在用字方法。汉字在几千年的使用中，变得越来越抽象和符号化，但依然可知是以象形、形声为主。"井"字的造字为象形，既非上下结构，也非左右结构，这特体结构的井字由象形而来，笔画简单，却存在几千年的悬案。

悬案出自《周易·象辞》，定义"木上有水，井"。2 000多年来，东汉许慎著的《说文解字》是公认的权威，对"井"的诠释与《周易·象辞》并不一致。而作为宋代大学问家朱熹，联系《周易·象辞》中对井的象形也说不到根底上。古代还有段玉裁、司马彪、晋灼等对"木上有水"解释成井台，辘轳打水用的木桶等，仍让人感到牵强附会。更有人把"井"字掺杂入《周易》中的卜卦因素，更显得扑朔迷离，以至众说纷纭，莫衷一是，故成悬案。

《周易·象辞》中"木上有水"的破译，不妨从排比年代来探秘。《周易》相传为周公所系之辞，也有说为秦汉时作品，距今为二三千年之间。如果再上溯到距今三四千年之间，乃是殷商呈现的甲骨文年代，对"井"的造字有形可像，象形的井字仍然难解"木上有水"。再上溯到四五千年之前，那已有新石器时代晚期的河姆渡文化，由距今7 000年农耕文明发展到5 000多年前，出现了饮水用井。河姆渡遗址出土的第二个文化层距今为5 600年左右，那里的木桩竖井出土却在1973年。要是在古代发现，也许早已破译悬案。

说来当代人有幸，可以在河姆渡遗址上亲眼看见这口木桩竖井。竖井的实际水面为4米^2。四边形的木桩边长约2米，各边打有21～40

个木桩，密密麻麻形成相当于后来石砌的井壁；4个转角处的4根木桩比其他的要粗壮扎实；四边木桩的上部，各横着一段更粗的圆木，并利用榫卯结构，形成一个四方形的井字内框，承受和支撑着四边井壁的压力，以防止四边竖着的木桩向里塌陷，四边木桩和横着的圆木是竖井的关键部位。在竖井外围还筑有一道椭圆形木桩栅栏，刚出土时28根围成的椭圆形面积达到28米^2，包括椭圆形中心的4米^{2}井面。这椭圆形高出地面，相当于井台。构建木桩竖井，在当时的条件下，事先要有周密计划，要用上大批木材，用现在的话来说，是个相当重要的工程。

从木桩竖井看，水与木紧密相依，《周易·象辞》中所言"木上有水，井"已见端倪，但对"木上有水"的诠释，或者说破译，还应另辟思路。对"上"字的理解一般指高处，是与"下"相对的登高位置。其实在古汉语中，"上"还有另一种意义，即上乘，上等，质量高的。《韩非子·内储说左上》文中就有"有能徙此南门之外者，赐之上田、上宅"。这里的上田、上宅显然是指质地、质量，即好田、好房。"木上有水"，意在用木桩建成的饮水工程，汇聚成上乘的一泓清水，清与井为上古通假字，这就成为上等饮用水，称之为井。

探秘《周易·象辞》对井的诠释，按当时的历史地理条件，华夏大地绝对不至于只有河姆渡木桩竖井，但至今发现农耕文明时代的遗址全国仅此一处。先民为避免江河湖泊水污染侵蚀而积极改善饮水，重视饮用清洁井水。这深刻内涵，又从另一视角，以生动典型的事例，表明长江流域与黄河流域一样，同为中华民族的发源地。

在全国重点文物保护单位余姚河姆渡土地上，木桩竖井以其年代之早、构建之奇、水质之优，堪称"华夏第一井"。

二、钱湖山水多名泉

"高山有好水，平地有好花"。这条谚语是人们生活的经验之谈。但是也有兼美之地。宁波东乡的东钱湖就是既有好花，更有好泉的地方。

东钱湖为浙江省第一大淡水湖，烟波浩渺。郭沫若赞美其有"西子风光，太湖气魄"。早在唐天宝年间，疏浚东钱湖，筑坝抬高水面，增加库容，废田5 000多亩为湖，赋税由湖外受益田亩加缴，至今1 200余年，沉积了丰富的淡水资源，周围山群有着丰富的优质地下水资源。加之东钱湖开辟成旅游度假区，山水生态得到很好保护，保证了钱湖山蓄有足够好水的优势。旅游度假到东钱湖的游客，都可亲近山水风光中的好水。而东钱湖畔青雷寺的泉井水，泡茶分外清香。

青雷寺位于高钱村，坐落湖边平旷之处，以前称清泰庵，1980年出资重修。寺院占地20亩，建筑面积2 500米^2，天王殿、大雄宝殿建筑雄伟，十分气派。

进入寺院，只见左侧偌大的杜英树荫下边，有口泉井，水质清冽。旁有水瓢，可以取水直饮。据介绍，此处来人多直接饮用生水，近于市场上的纯净水。联想到时下人们讲究饮用水，常在汽车后盖箱内放塑料桶，见旅途中有好水，顺便打上一二桶，取回家中饮用。此井泉若为游客所知，势必竞相舀水回家。但人们仅知青雷寺中有好水，却不知其井的名字。也许是东钱湖泉井太多，不记其名了吧。近查《东钱湖志》，这方井历史上有称"清泰井"的，也有称"高阅井"的，有文字记载如下，"在高钱清泰庵内，水深，清冽味甘，相传凿井时得瓦镌有'高阅'两字，故名。现在青雷寺下，深度不足四米，但水清见底，在杜英树下。直饮此水不泻，夏日饮者无数"。

青雷寺所在的青雷山，山势不高，井又在平原之地，这好泉好水和许多名山中的名泉有所不同，又想到东钱湖度假区东南布满好水好泉，下水、上水一带有圣井、陈家井、冷水井、永兴井，陶公山下有梅泉、瑞井等。山势较高的福泉山有3 000余亩茶山，山顶有龙潭、山麓有大慈井，都是泡茶的好水。东钱湖畔这座美丽的茶山，以泉为山名，又加上福字，称为福泉山，有山有茶有水有风景有故事，可谓耐人寻味！

真所谓"水为茶之母",茶和水有灵性。水是生命之源,它们总是默默无闻造福于人类①。

三、杖锡名泉"水空湫"

"水空湫"是个地名,位于鄞州、余姚、奉化交界的杖锡村(今属海曙区章水镇),"杖锡"之名源于佛寺,寺在今杖锡风景区内。据传唐时龙纪元年(889)由长、政两僧,将在奉化相量岗上投锡(僧人的柱杖)之地为寺的范围,因此有杖锡之名。自唐至今超过50代,盛时有田560亩,山地32 000余亩。历史上杖锡寺十分著名,明沈臣明有诗:

> 水自云中落,峰常雪里看。
> 境于人境绝,六月陡增寒。

杖锡寺屡兴屡败,其中一次是被当地山民愤毁。时为清顺治乙酉(1645),余姚黄宗羲抗清组织"世忠营"兵败入四明山,从者尚有五百,驻军杖锡寺。黄宗羲为探访鲁王的下落,微服潜出,下山时善告部下要与山民善待相结,不争粮禽。但该部不尽节制,抢山民粮食和耕牛,山民恨之,遂在一个夜里,将干柴茅草围至杖锡寺四周放火焚寺,500余兵丁死者十有九之。全祖望《鲒埼亭集》对此有记载。

杖锡村的春天,屋前舍后都是樱花。路旁的茶园葱绿翠碧,竹子苍翠欲滴。村妇坐在家门口拣刚采摘来的茶梗,屋内有简单的焙茶机,正在频频摇摆,阵阵清香,飘逸着春的气息。

好茶要有好水配,这里的好水就是名为"水空穿"的泉水。公交车车站的路边,有下坡的石步阶,20余步,见一平台,20余米^2,长条形,上用块石砌成桥穹形,下用砖石砌墙,中间留洞门,人可出入。

---

① 陈伟权:《钱湖山水多名泉》,载《海上茶路》2017年第4期,第81-82页。

墙沿建三蓄水池，右池高一米半，四方宽广各一米余，水深一米半，水自方池墙处由圆形白色塑料管流入池中，右池沿设20厘米的池口，溢流至第二池，形长条低于左池，约20厘米，水深80厘米为平时洗涤之池，再右亦有溢口，水满泄向第三池，又为低形长条，是村民洗涤污杂之池。时有人来此池汲水，从门洞里取出一根毛竹片长约3米许，将这根竹片一头接在白色塑料管口，水自竹片流入池外的盛水桶，水满将这根竹片重新放回门洞内。这种方法简便又清洁，盛水过程不受二次污染。汲一瓶水，观其流量，约半分钟5升的瓶满了，估计每小时有四五吨的出水。

此泉水为何叫"水空穿"？原来从前这里是一个山坑，有一股水从山夹缝中流出来，听老人讲，这名字因水穿空石头里的山泥，变成一个很深的呑坑，所以叫"水空穿"。这股水常年不会干枯，旱天五六十天不下雨，水还是照常流，冬天这水暖，因此大家都到这里洗东西不冻手。现在每家都有自来水，但还是喜欢到这里来，洗完后再提一桶水回去煮菜烧饭。

以前到这里来取水要走沙石坡沿，村里有了财力，就造了石头的踏阶，还加了水泥板盖起。就靠这个"水空穿"的水源，当地人能聚集几百户人家，生生息息就靠这一脉好水。当初杖锡寺有百余僧人，清初黄宗羲的五百余兵也住在这里，若没有这股清水，怎能活命？

仔细琢磨一下，"水空穿"的最后一字，似乎成"湫"字较为贴切，比"穿"字更雅[1]。

四、雪窦山上访名泉

宁波溪口雪窦山风景区，总是为旅游人士所向往。身入其境，露天弥勒大佛，高56米，人们可目睹全球最大的坐姿佛像。而面对雪窦

---

① 郑明道，《欣记杖锡水空湫》，载《海上茶路》2017年第4期，第82-83页。

山的大自然神韵，大多则难以言状。好在有宋理宗追记"应梦名山"碑作引子，说的是景祐四年（1037），宋仁宗梦游名山，翌日召集画师画出梦游景致，又下诏以画中山水为准，对照各地名山大川，唯有雪窦山与梦中景象相吻合，由此皇帝大喜"感形梦寐"，赐予山中雪窦寺御物，"龙茶两百片，白金五百两，御服一袭"。正面描叙雪窦山风光的，要数地理学家张其昀，他称雪窦山"兼有天台山雄伟，雁荡山奇秀，天目山苍润"。

自古名山与名水、名茶有缘。先说雪窦山之水，有举世闻名的千丈岩瀑布。但煮茶之水，按《茶经》所述，"石池漫流者上；其瀑涌湍漱，勿食之"。由此可知，千丈岩瀑布水不宜泡茶。而雪窦山上也有清泉缓流石上，汇成多处泉井，当年入山亭旁有古井，"冬夏不涸，其味甘洌"。明朝吏部侍郎杨守陈，品得此水此茶，认定其色香味俱为上乘。

而山中好泉远不止一处。更有雪窦山上的商量岗，有称美龄泉的，它位于众多泉池之上，乳峰之下。看那一泓清泉，遐想当年宋美龄在中洋房周旋于民国闻人之间，她用泉水煮茗，招待了张学良、陈布雷、吴稚晖、张治中等，自有一番深意。后人把这眼泉井定名为美龄泉内涵深刻。

再说名山名水雪窦山出好茶。宋代雪窦寺住持广闻禅师作《御书应梦名山记》时，写道："茶荈不同亩，曲毫幽而独芳。"说的是曲毫茶的幽香，在众多的名茶中独树一帜。据晚清《奉化县志》记载，"（茶）如雪窦山及其塔下之钊坑、跸驻之药师吞塘坞、六诏之吉竹塘、忠义之白岩山出者为最佳"。可见，历史上雪窦山一带盛产佳茗，至今誉驰四方的奉化曲毫、弥勒白茶，由当代高级农艺师方乾勇带头创制，在传承和创新结合上形成雪窦山牌茗茶系列，方乾勇有"奉化曲毫之父"美誉。

水为茶之母，若用上同一山上的好茶叶和好水，则更能彰显名茶茶汤的风味，如同母子相聚，更为温馨。21世纪初，位于月湖风景区的宁波茶文化博物院专卖奉化曲毫、弥勒禅茶，讲究取用四明山雪窦寺的泉水泡茶，博物院用现代的交通工具运来美龄泉水，泡上奉化曲毫、弥勒禅茶，弥补了未能到雪窦山喝茶的遗憾，在古朴的茶室里，仍可领略山中品茗的悠悠情趣。

五、龙泉山腰隐龙泉

余姚市城中有座龙泉山，地处姚江边。20世纪70年代，时任宁波地委书记的王芳（后任浙江省委书记、国务委员兼公安部部长）游历龙泉山，提出城中有山实难得，应当保护好这座名山。如今山中林木翁郁，亭阁俨然，古迹荟萃。龙泉山海拔67.4米，面积10.36公顷，传说古为浅海小岛，名谓屿山，因"山腰有微泉，未尝竭，名龙泉"，晋代已称龙泉山。北宋王安石游龙泉山有诗云："山腰石有千年润，海眼泉无一日干，天下苍生望霖雨，不知龙向此中蟠。"苏东坡在《送刘寺丞赴余姚》诗中赞美龙泉山曰："余姚古县亦何有，龙井白泉甘胜乳。"志书上还记有南宋高宗赵构，避金兵过余姚，曾上龙泉山，饮龙泉，赞许泉水甘洌，后派人带去十罂。

龙泉山上有茶室，旁有一泓澄碧，四方有石雕围栏，一般人以为此乃龙泉。而古代所说的龙泉井，还得登上位于中天阁王阳明讲学处，现在又称梨洲文献馆，为当地的重点文物保护单位，在其东北角，有一口又小又浅的泉井。不知何因，明朝万历皇帝对此山水竟有楹联，"智水消心火，仁风扫世尘"。也许是皇后为余姚人所致。王阳明后裔王箕乾隆年间在井旁刻《龙泉铭》石刻碑。铭文如下：

> 峨峨灵绪，祖祠在颠。宗阶碧峦，下有圆川。或称海眼，实维龙泉。仰止之所，静深之渊。譬如良知，心体本然。取之各足，用之无偏。狩屿泉源，从淙涓涓。奉为清涤，记厥千年。

龙泉井可谓藏在深阁，一度曾被封闭起来，要主管部门批准才能进去参观。如今龙泉山成为旅游景点，参观龙泉并不困难[1]。

六、客星山麓华清泉

西安骊山脚下有华清池，名扬天下；而余姚客星山华清泉，藏在深闺。两者名称相似，又都与水相关，而知名度却判若云泥。"春寒赐浴华清池，温泉水滑洗凝脂"，即使池已干涸，仍有人凭吊池壁，白居易的《长恨歌》使华清池名垂千古；而余姚华清泉坐落在今余姚市凤山街道城东新区安山桥，至今仍然水色清冽、泉流汩汩，此华清泉的文化底蕴，堪与西安华清池媲美。

客星山又名陈山，为东汉高士严子陵隐居之处及墓地。光武帝刘秀与他同游学，刘秀称帝后召严子陵商量国是，他常与刘秀同床而睡，把脚搁在刘秀的肚子上，观天象者引出客星冲犯帝座星之说。"先生不为千人爵，太史何妨奏客星"，这成为客星山名称的由来。20世纪30年代，那里已是人们踏青游春的风景区。远眺客星山，形状如一只倒置的铁锅，可谓"姚邑东偏耸客星，十分孤秀十分青"。山顶古代有高节书院，山冈凹地间有严子陵墓，山麓有华清泉。"欲知亮节清风在，华井泉留万古馨"。

余姚多好泉，前人写桃花泉水有诗为"洞里有春藏不得，春风春雨泛桃花"，随着水文地质的变化，这种景观难以寻觅。客星山麓华清泉，在《余姚县志》中多有明确记载，如宋代嘉泰志、明代永乐志和清代康熙志、清代光绪志等。康熙志记华清泉又名旋井，其泉神奇。有人从井中得一鳗，烹调在锅中，揭锅却不见鳗，而在泉中依然见到有刀伤的那条鳗。所记难免有神话色彩。清代邵以发写华清泉有诗，诗前小序为"泉阔寻许，深如之，分砂漏石，澄影镜天……"

现将邵以发对这品茶第一水的原诗转录如下：

---

① 陈伟权：《龙泉山腰隐龙泉》，载《茶风》第132—133页，中国文史出版社2013年2月版。

客星山，高刺天。上可观海，下有清泉。泉中星月如联珠，珠光倒影高人居。子陵先生隐于是，肺腑应与常人殊。凉为六月霜，清与银河俱。浇花灌药当年事，澄泓今古冰壶如。布衣盟心如带砺，此中宁有帝王气？帝王睡去布衣同，以足加腹何须异？乃尔动天占太史，传策标题纪所止。桐江桥，清风里。清泉清且华，渊寒足洗耳。五月羊裘坐钓矶，大江声自泉中起。龙牲驯来风雨收，百丈鳞须三尺水。王露擎来仙掌寒，何曾一到王侯齿？君不见中泠惠山康王谷，一从鸿渐品题来，茶具朝朝空漱肉。

全诗写出了严子陵在客星山的遗踪，华清泉水质之美。镇江天下第一泉中泠江、第二泉无锡惠山和庐山康王谷，都是茶圣陆羽品茶论水有记的，华清泉水陆羽虽未记载，但与它们相比，是丝毫不会逊色的[①]。

七、姚西典藏美女泉

到杭甬高速公路的牟山道口，人们举目即见牟山湖。湖在宋代就有万亩水面，至今湖光山色怡人。但湖畔姜山深处的美女泉却鲜为人知。

那里地处余姚市西部，在牟山镇湖山村姜山自然村村口，就有一泓澄碧，传说为村民始祖李光垒土筑墓，在墓地下端蓄水为池所至，水平如镜。也有人称它为姜女泉或美女泉的，池边古樟成群，庇荫遮日，倒映池中。外来人看这风景，以为是美女泉，当地也有人默认的。姜山村村民告知，这不是真的，真正的美女泉还在山中。这正像余姚市里的龙泉，它是在龙泉山上的一猫眼泉井，藏而不露。游客多把山腰那个方形大水池作为龙泉一样。

---

① 陈伟权：《客星山麓华清泉》，载《茶风》第134-135页，中国文史出版社2013年2月版。

汽车沿着沙石路单行线，犁开青草杂柴，来到山中平旷之地，看到相邻有四个泉池，其中三个上下排列，由大到小，上端大的泉池，就是史志书上所记的姜女泉。山中有人把它挖深扩大，周围驳起石坜。它与宋代宝庆续志、清代光绪《余姚县志》所记大小有所不同，"姜女泉，山中小池，广不及丈……其水大旱不竭，积雨不盈"。这确实损害了泉池原貌，使人感叹惋惜，不过若在四周驳期的卵石边让花草滋生蔓延覆盖，仍能显得原始、古朴。

美女泉又名姜女泉，传说因当地姜女美貌贤淑而得名；美女泉依托着旖旎的山水，典藏着积淀的人文历史，由"姜"字称美女姜演绎而来，故将姜女泉称之为美女泉名正言顺，况且相邻还有方丈碑佐证。

方丈碑有800余年的历史，那时候美女泉边的空旷地上建有静碛寺，至今犹存的寺里方丈碑，碑文依稀可辨，碑文下部"方丈"两个大字清晰，笔力遒劲，颇具颜筋柳骨；碑建于南宋庆元三年（1197），现已被列为文物保护单位。

静碛寺和美女泉坐落在金鸡峰，面对峨眉峰，右为积翠、凌云两峰，左为白马峰，五峰拱围，满目苍翠。漫步美女泉和方丈碑之间，令人遐思翩翩。当年高僧达官在此饮茶吟诗，多有清雅情趣。南宋吏部尚书李光归乡隐居于姜山，经常到静碛寺，与高僧通律法师相聚，两人在香房，面对裴度挂像，说禅论律，并以山中佳茗泡茶对饮。自古茶禅一味，美女泉之水使佳茗尽展风采。清泉蕴有山之劲节，水之柔和，玉液香茗，醇正甜美，还留下诗词佳句。如金鸡峰的"松萝高镇夏长寒"，峨眉峰的"深洞寒声落石泉"；而"大风吹散断崖云""影泻斜阳出海门"，则分别点拨了积翠和凌云两峰的特点；而白马峰下，更是"秋云一片横幽谷"。

古人在此寄情山水，典藏山水灵气，如今这里吸引着人们去吸收大自然中的负离子，享受健康生活[1]。

---

[1] 陈伟权：《姚西点藏美女泉》，载《茶风》第136—137页，中国文史出版社2013年2月版。

八、伟人长伴化安泉

"剡湖曾是宋名村，古老云亡孰讨论"，这诗句黄宗羲写在《四明山志》上，是对陆埠十五奁的慨叹、对化安山的萦怀。

今日陆埠十五奁里、化安山麓，古代谓之剡中，由化安山双瀑之水注入的，还称剡湖。《四明山志》写到那里"产茶为名品"，泉水足"争胜"，黄宗羲生前身后都在化安山，终年85岁。我们仿佛能在这里见到这位古人在化安山读书著述、品茶论泉、延年益寿的生活。

长眠于化安泉旁的黄宗羲像

黄宗羲（1610—1695），浙江余姚人，号南雷，这位明末清初经学家、史学家、思想家、地理学家、天文历算学家、教育家、浙东学派的鼻祖，他的民主思想比法国卢梭还早100多年，他的"工商皆本"思想是宁波帮崇尚经贸的源头，其名著《明夷待访录》的书名大意是：等待开明的君主来寻访、研究这本记述治国平天下之书。黄宗羲学术思想的形成与其一生的经历有关，他生于明末清初，自题小像概括自己一生"初锢之为党人，继指之为游侠，终厕之于儒林"。黄宗羲青少年时，与东林党人一起，勇敢地参与反宦官权贵的斗争，名震朝野；后来组织世忠营，上四明山结寨抗清；晚年隐居化安山中，住在化安寺和龙虎草堂，饮化安泉，品瀑布茶，从事学术写作。我们从黄宗羲的经历中不难看出，这位文化巨人对余姚、对于四明山的认识，有切身的体验，他收集的有关四明山史料足以可信。

黄宗羲嗜茶，写有多篇茶诗、茶文。从他借茶思念女儿的诗句中仿佛见到一位老者对子女的拳拳之心，"新茶自瀑岭，因汝喜宵吟。月下松风急，小斋暮雨深"。化安山竹苞松茂，风景秀丽。据《四明山志》所述，那里从化安寺上行，有揎水，又名双瀑，其"悬空而下，有石隔之，分为二道，各十余丈"，山中又有化安泉。"昔云间徐长谷（献忠）作水品，以四明山之水，雪窦上岩为第一，盖由不知化安泉也，雪窦飞流岂能与化安泉争胜？"《四明山志》上这段话的意思为：从前徐献忠品评过水，认为四明山水以奉化雪窦上岩为第一，其实这位出自江苏松江华亭的奉化县令，不知道有化安泉啊，雪窦山上的飞流岂能与化安泉争胜负呢。化安山麓还有江井潭，黄宗羲及其父辈黄尊素和其一批挚友，长在这好山好水产好茶之处，读书品茗，清代史学大家全祖望对化安山的泉水和茶叶也极为推崇，在《四明十二雷茶灶赋序》中大加赞颂，"以化安山中瀑泉蒸造审择，阳羡、武夷未能过焉"。

黄宗羲父子过世后长眠于化安山麓。至今龙虎草堂重建，墓地梅林风光诱人，堪称伟人长伴化安泉。游人去瞻仰黄宗羲（梨洲）墓，可领略青山绿水中的当今化安双瀑，"雪飞千仞挂层峦，山鬼女萝白昼寒。天为深山开绝胜，故将双瀑作奇观"[1]。

九、丹山赤水咏古泉

四明山云雾缭绕，千沟万壑，泉流密布。洞天胜境的石牌楼把人引入仙境，山高水好长好茶，堪称高山云雾茶。余姚市大岚镇柿林村丹山赤水风景区，在一批古树名木中，有眼古泉，备受人们青睐，随着茶文化旅游兴起，每年有数十万游客，到国家ＡＡＡＡ级风景区丹山赤水光顾古泉井水。

古泉坐落在大岚镇柿林村。初看普通得很，井不大，呈半月形，东北面敞开，其他三面用石墙围护，井水深约两米，水面有 2米^2 左右。要说它的特别之处，这一弘泉水甘洌，附近200多户人家过去没有自来

---

① 陈伟权：《伟人长伴化安泉》，载《茶风》第138-139页，中国文史出版社2013年2月版。

水，饮用水全靠这泉井供给；即使遇上干旱之年，也从不干涸。另一个特别之处，井泉水温变化不大，严冬不结冰，会冒热气；夏天清凉，沁人心脾。说来还有个故事，讲的是村上沈姓太公，到柿林打柴，当时柿林还是一片林木，荒无人烟，他在这泉池边一棵树枝上挂着饭包，这是打柴备的午餐。奇怪的是比之别处，炎夏放了两三个时辰，树枝上挂着的午餐没有发馊变质；待到寒冬，吃午饭时乌干菜、白米饭还是热乎乎、香喷喷的。他认为这里是块风水宝地，后来就携家到泉边居住，繁衍子孙，形成有名的柿林高山古村。古井又成为先人祖训和睦相处的纽带和象征。至今，对这闻名四乡的古井还流传着俗谚，称之为"一个姓、一口井、一条心"，呈现高山古村淳厚的民俗遗风。

游客到这井旁，情不自禁地会手捧泉水放到口中品尝，啧啧称赞泉水的甘洌鲜爽之味。如今村里的自来水仅供村民洗涤之用，煮茶用水还是用这古井泉水。村民们都自觉保护井水的洁净，家禽不会来此糟蹋。村中相传，活着的人用水可以免费，而死人用水则要付"买水钱"。那是人去世时，随葬带有茶叶，要到阴间吃茶用水，由亲人披麻戴孝到泉边来买水。这种风俗也是对先人的祭奠和缅怀。

洞天福地为古泉井水添了彩。柿林立有作家、学者余秋雨的文字碑，碑文写道，道家修行总要借助于佳山秀水，称洞天福地，把天下分为三十六洞天，四明山为第九洞天，宋徽宗御书称为"丹山赤水"，柿林则为丹山赤水最集中的景观，青山苍郁，巨岩壁立，溪流水清，四明道观屹立山冈的平顶之处。

道家注重幽静养性，清静无为，正好与茶性俭以养德相吻合。汉仙人丹丘子云游四明山，指示虞洪山中有大茗，世世代代过去，如今大岚镇有2万余亩茶山，成为浙江省最大的乡镇茶场，出产的是品牌"四明龙尖""瀑布仙茗"。到大岚参加茶文化旅游，有好景佳茗，品茶休闲咏古泉，也许会给人以另一种身心愉悦的境界①。

---

① 　陈伟权：《丹山赤水永古泉》，载《茶风》第140-141页，中国文史出版社2013年2月版。

十、越国乡野计然泉

"计"是个小姓，比之姓张、姓陈的，人数要少得多；而计姓祖先计然是我国历史上用经济手段治国第一人，更是鲜为人知。在慈城镇黄山村的计家山下，有一处缅怀计然的计然泉遗迹，重现了历史的记忆，令人大开眼界。

计家山位于慈城镇的东浦与西浦之间，山色葱茏，山下十几户人家，柴门小扣，草木掩映，偶闻鸡鸣犬吠，田园更为幽静。村中年近90岁的计阿毛老人，家里藏《东浙计氏宗谱》。家谱中的第一张画像就是越相计然辛研公，有赞像诗称"更辛为计，晋国之裔……献策匡济……翩翩世系"。家谱中述说先祖计然2 400年前就在这里生活，与文仲、范蠡同为越王勾践运筹帷幄的谋士。

计然（生卒不详），亦作计研、计倪、计砚，一说姓辛，字文子。春秋时期为晋国公子后裔，出生在葵丘濮上（今河南省兰考、民权县境内），后南游于越国，行踪于浙东，老人所述的口碑资料与历史记载大体一致。计然用经济手段治国，在《吴越春秋》《越绝书》《史记》均有记载。历史上有汉兴三绝——萧何、张良、韩信，为史所称道；越王勾践"十年生聚十年教训"的故事中，也有三绝，即文仲、范蠡和计然。在吴越相争中，文仲直接管理越国政务，范蠡以军事辅佐勾践，计然不同于文仲、范蠡，他作为思想家和谋士，处世低调，着重在经济方面，且看《史记·货殖列传第六十九》所记，"昔者越王勾践困于会稽之上，乃用范蠡、计然。计然曰：'知斗则修备，时用则知物，二者形则万货之情可得而观已'"。这话的意思是说，从前越王勾践被困于会稽山上，于是重用了范蠡、计然，计然说："知道要争斗，就要做好准备，掌握了货物出产的时间和用途，就了解了货物。""时"与"用"两者的规律一旦形成，各种货物的状况就可以掌握，而且看得非常清楚。

《史记》同一篇文章又写道："范蠡既雪会稽之耻，乃喟然而叹曰：'计然之策七，越用其五而得意。既已施于国，吾欲用之家。'"这段文字讲的是：范蠡已经洗雪了会稽被困的耻辱，便喟然长叹曰："计然的计策有七项，越国运用了其中的五项就实现了灭吴的意愿。计然在治理国家中施行了这些方法，我想在治家方面也娴熟地运用它们。"于是范蠡携西施，浮游江湖之上，改名换姓，到了齐国陶邑，又称朱公，朱公认为陶邑是货物交易的良好场所，天下的中心，各地诸侯从陶邑通达四方，于是他治理产业，与时逐利，达到万万家产，又乐善好施，后人谈论经商致富，称誉范蠡为陶朱公，东钱湖畔的陶公山，也侧面反映范蠡的这段经历。

名泉传名人，名人扬名泉。计家山下计然泉，离村数十米，如今饮用自来水，人们多有淡忘，少有人过问。这是一眼清泉，两米左右见方，横直架着几根石条，又是上下重叠，不少于十余根，不知何年何月从何处拆来，也许石条有文字可考。这横七竖八的石条使得山上流下来的杂物不至于把古泉井淹埋，泉水中长着青苔绿草，看上去井底浅显，但水源源不断。据传泉井边原是一个村落，后来一把大火烧得精光，如今成了一片田地，唯有古泉依然存在。

计然泉坐落在乡野僻壤，如今已隐姓埋名，默默无闻。但计然以"积著之理"的经商原则，提出农业丰歉论、平籴论，商业流通的息货论、价格论、货币论、货币周转论、国家调节论，形成计然之策的经济原理，潜移默化传之后世，直到明末清初有黄宗羲提出"工商皆本"理论。而以经商闻名全球的宁波商帮，也能从中找到源头吧[①]。

十一、大宝山藏大宝泉

人们参观历史文化名镇慈城，那里历史胜迹让人目不暇接。对镇西大

---

① 陈伟权：《越国乡野计然泉》，载《茶风》第142-144页，中国文史出版社2013年2月版。

宝山的朱贵祠往往会疏于光顾，山中的大宝泉则更鲜为人知。

朱贵祠内，朱贵将军（1779—1842）塑像栩栩如生。他身穿盔甲，手持宝剑，威风凛凛。大宝山是朱贵及215名勇士抗击侵略者为国献身之地，令后世崇敬。史载此处有大宝泉，与朱贵将军为伴。也许因年代久远，环境和水文地质变化，山中大宝名泉却不知在何处？进祠门，认得左侧有块菜园，里面一个水池，初观仅以为是菜畦浇水所用，细看则非同寻常，水池浅，未曾干涸，透明剔亮，清澈见底。如今倡导茶为国饮，水是茶之母，茶的优良质地要通过好水名泉方能显露，大宝泉无疑是茶之母的神韵所在。而朱贵祠旁边这泓清泉，是否即是大宝泉，大家都不敢轻易认定。可是在朱贵祠品茶论泉，即使另有宝泉，祠有名将好水相得益彰、相互映辉，也足以发古人之幽思。

夜读《溪上遗闻集录》，早在18世纪，活跃在乾隆年间的史学大家全祖望曾作《大宝泉铭》以记：

> 宝峰兀兀，宝泉泠泠。风于峰，爽可挹；浴于泉，清可馨。行有尚维，心亨讲堂。虽沓带，草犹青。汲新水，戒赢瓶。师先哲，勖后生。

说来大宝泉向来冷清寂寞，却又很著名。民国时，陈训正过大宝山，就感叹"荒荒岁月天俱老，历历山河我独来"。据《溪上遗闻集录》介绍，当年也很少有人过问大宝泉。但大宝泉奉献于人们的纯净之水在全祖望笔下有证。泉边"虽沓带，草犹青"，显得零乱，可杂草青青，可舀来泉水直接饮用，清香可口，还解疲乏。如今看来，当时此泉是符合生态环保原则的。

《大宝泉铭》最后一句"师先哲，勖后生"，则有典故。这与宝峰书院有关。《宁波市教育志》撰述："宝峰书院在县西二里大宝山。元赵偕（宝峰）入元不仕。读书讲学于此处，师承四明学派杨简之学，招集四方贤才，聚大宝山，饮大宝泉，晨读夕省，论道悟理，互学互勉，都有番作为。《三国演义》作者罗本（罗贯中）、《琵琶记》作者高明（则诚）皆是其门人。"慈溪县尹陈文昭上门拜赵宝峰为师后，治民有方，深得民心。

宝峰书院人才辈出，到清末民初，书法家钱罕为宝峰书院题碑"宝峰缫翠"，书院教育功绩如同大宝山突兀青翠的峰峦，永传千秋。随着生态环保的加强，慈城的名山名祠名泉，必将成为风景名胜的又一亮点[1]。

十二、寻访天童虎跑泉

2006年春，宁波评选出十大特色山峰，鄞州的太白山名列其中，冠以"最具神话色彩的山峰"。传说太白金星下凡，化为童子，帮助僧人建成天童寺。天童寺成为"东南第一丛林"，与杭州灵隐寺、扬州大明寺、常州天宁寺并列为我国佛教四大名刹，自唐代以来，高僧辈出。在赵朴初之先的中国佛教协会会长圆瑛大法师，就是天童寺方丈。日本历史上荣西、道元等高僧来华到天童学禅，茶禅一味对日本茶道形成有直接关系，天童寺是日本佛教主要流派曹洞宗的祖庭，被列为全国重点文物保护单位。

太白山逶迤苍茫，群山地跨鄞州、北仑两区，宋代王安石曾为此写过"二十里松行欲尽，青山捧出梵王宫"的诗句。太白山在宁波茶业史上占有重要地位，方志上记载着盛产佳茗，"太白山为上，每当采制，充方物入贡"[2]。清代有诗曰："太白尖茶晚发枪，濛濛云气过兰香，里人哪得轻沾味，只许山僧自在尝。"追溯得更远些，北宋时太白茶已被人赞赏，其中舒亶就有慨叹曰："灵山不与江心比，谁会茶仙补水经。"意指灵山有茶仙出好茶，却没有人去同泡茶最好的扬子江心水作

---

① 陈伟权：《大宝山藏大宝泉》，载《茶风》第145-146页，中国文史出版社2013年2月版。

② 乾隆五十三年《鄞县志》。

比较。后人对山中之水做一番研究，又有诗云："只言水味它山好，试品东乡太白泉。"言下之意是，别只认为西乡它山堰的水质好，东乡太白山的泉水也足以让人回味。

太白处处有好水，著名的要数虎跑泉。王安石曾有《虎跑泉》诗，记下了虎跑泉的千古功德：

供厨煮浴方成沼，转磨鸣春始到田。
还了山中清净债，却来人间作丰年。

但虎跑泉在哪里呢？王安石未提供具体位置，其他文献所记述也难以寻觅其方位。有人认为，天童寺前万工池，游鱼翔底，即是虎跑泉；又有人指出，天童寺内的泉水清澈晶莹，就是虎跑泉。但凭这些要认定哪处是虎跑泉，似乎缺乏历史依据。

曾担任过天童林场领导的王良衍在太白山中工作、生活40年，珍藏着1919年手画的太白山全图，图中十分明确地指示虎跑泉的地理方位。原来虎跑泉不在近处，而是隐藏在太白山深处，要寻觅它需穿过森林公园的职工宿舍，走到天童道尽头，身入天童溪，溯源而上，进入乱石突兀、溪水潺潺、庇荫遮日、清凉幽静的境地。虎跑泉在天童溪源头旁边，是溪水边的一个泉涡。周围岩石参差，天然去雕饰，要不是经人指点，人即使到了虎跑泉，也不会认得它。仔细看去，泉边一石平如板壁，石上有青苔，依稀可辨"虎"字笔画。

唯知虎啸风，未闻虎生水。这里的泉水居然与虎有关，传说战国擅长纵横捭阖之术的楚人鬼谷子游太白山，不骑马，不骑驴，不坐车，用的是前虎后豹，鬼谷子的老虎有灵性，在那里双脚跪地，刨泥去石涌泉。原来王安石所称虎跑泉，舒亶所称虎跪泉，竟在这里。

鬼谷子与虎跑泉的传说，也许只是对泉水甘洌清澈的美言而已，而现实中天童溪上的虎跑泉，山高水"轻"，把这水放在杯中，满杯水面与杯口相平后，放入4枚一元硬币，杯水也不外溢。其水质加天童佳茗，可与杭州龙井茶叶媲美。泉旁有个水库专供天童寺僧人专用，溪水哗哗淌过岩石，流经树丛，曲曲弯弯，淙淙向前，赐福着人们[①]。

十三、鄞江古镇有好泉

鄞江镇（现属海曙区）它山堰旁有澄浪潭，是百威（英博）KK啤酒的用水。啤酒的品质取决于三大因素，即水质、啤酒花和麦芽。青岛啤酒之所以闻名中外，在于用崂山水，黑龙江的啤酒花和宁波的二棱大麦，百威（英博）KK啤酒用澄浪潭水自有其理由。

鄞江镇上它山堰为我国古代四大水利工程之一，与都江堰、郑国渠、灵渠并列，为全国重点文物保护单位。澄浪潭位于它山堰东南约一千米之处，四周筑有围墙，有人专管，平时不大开门。入内参观，可见到方正的泉池，四周围有石栏，泉池清澈见底，底部长有青苔，有几处呈现卵石，在阳光下冒有微微的气泡，得知此为地下涌出的泉水，"澄浪"两字含有清波起伏翻腾之意，其泉名十分确切。泉池面积约300米^2，大于无锡惠山泉，比之扬子江心第一泉镇江中冷泉还要大得多。澄浪潭水冬天冒热气，夏天水温在12～14℃。据介绍，1967年大旱，当地用七只水泵抽水，澄浪潭也不干涸，其水质曾被检测为国家一级水源。泉池中养有数斤重的彩色金鱼，这金鱼从不喂饲料，靠水中青苔为饵料，顺其自然生长。

澄浪潭处于地形奇特之处，四明山群峰若万马奔腾，到鄞江镇东首又一马平川，有的低丘平地在地层中仍为巨岩，地下水到鄞江镇上为地下层巨岩所阻向地面涌出。它山堰具有阻咸蓄淡、泄洪排涝作用，干旱时，积蓄四明山下来的淡水，不仅灌溉了周围24万亩良田，还可供给明州城百姓用水。而它山堰的另一功用，在于1 000余年来的地下

---

① 陈伟权：《寻访天童虎跑泉》，载《茶风》第147-149页，中国文史出版社2013年2月版。

水，不至于受倒灌咸潮影响，仍保留四明山深水流远的清澈风韵，致使鄞江一带好泉多多。

谈到它山堰好处及鄞江镇有好泉，古人有很多评谈。明代屠隆族人屠本畯可谓是个茶人，著有《茗笈》一书，写到其家乡之泉说："吾乡四陲皆山，泉水在在有之，然皆淡而不甘，独所谓它泉者，其源出与四明漯洞，历大岚、小皎诸名岫，回溪百折，幽涧千支，沿涧漫衍，不舍昼夜。唐鄞令王公元伟筑埭它山，以分注江河……水色蔚蓝，素砂白石，粼粼见底，清寒甘滑，甲于郡中。"屠本畯为官他乡，偶返故里，总是"携茗就烹"，感觉"珍鲜特甚"。今人品尝它山堰白茶，也常有感悟。正是：它山古堰情，四明山水深，煮茶好泉何处寻？佳山胜水鄞江镇[①]。

十四、育王寺有妙喜泉

宁波阿育王寺镇寺之宝佛骨舍利，相传是印度阿育王建释迦牟尼塔之后，僧人在附近乌石岙所得，于是结茅供奉。自晋代开始，供奉这舍利"渐次盛行"。南北朝时梁武帝萧衍派兵三千守护；唐朝时有过八千僧人供奉阿育王寺舍利盛事；元朝时，元世祖下诏迎阿育王的佛骨舍利到元大都（北京），并亲自"车驾玉塔寺致教"，还召集十一万人设十六坛供养，数月后，送还宁波阿育王寺。

阿育王寺在南宋时期更为鼎盛，被列为禅宗五山之第二，归属寺院所有的两大庄园，仅寺田就达5 000多亩。阿育王寺所在地鄮山，又名阿育王山，建寺在育王岭上，人气兴旺，但也给方丈带来难题。寺院僧多饮水不足，尤其是大旱年月，常言说，七天内人可不吃食物，却不可没有饮水。好在育王岭下，左有璎珞，右为宝幢，璎珞村的龙王堂还有几处泉水，水质清冽，"璎珞河头船日开，宝幢街口贩夫回"。

---

① 陈伟权：《鄞江古镇有好泉》，载《茶风》第150-151页，中国文史出版社2013年2月版。

两边日夜有人挑水上寺，但终究寺院人多，难以为继。

南宋绍兴年间，住持杲公禅师目睹"育王为浙东大道场，地高无水，僧众苦之"，于是召集众多僧人在寺内挖孔寻找水源，未见有水，众僧人索性挖个大池，只见"锹钟一施，飞泉溢涌"，也许是吃过水源枯竭的苦头，大家特别珍惜。尤其僧人用这水煮茶念经，在晨钟暮鼓中，饮茶坐禅，分外专心，有居士赞许"心外无泉，泉外无心。心即是泉，泉即是心"。于是，把禅与茶、佛与泉融合在一起，四方传为美谈。当时，明州姜姓知事，来自朝廷秘监，对名寺佳水，情有独钟，名曰"妙喜"。从此，泉名妙喜流传。泉是妙喜，泉在育王，妙喜泉扬名四方。

妙喜泉的名气，比起阿育王寺悠久历史来，难免略为逊色，但育王岭上山水风情，足使高僧们流连忘返，妙喜泉给人以生命之水，茶禅一味、以茶养性，更是意味绵长[1]。

十五、福泉山顶品福泉

鄞州东钱湖湖畔的福泉山，是宁波最为著名的茶园，漫山满陇出产名茶"东海龙舌"。不仅如此，既名为"福泉"，顾名思义，山中必定有泉致人福祉，而泉在哪里？又有几何呢？

首先让人想到的是福泉山大慈寺旁的一眼清泉，那是南宋祖元法师汲泉品茗，顿悟禅机之处。他曾被尊为"天童第一座"，后被日本僧人请去，成了日本圆觉寺开山祖师，其密宗法学"佛光派"为日本禅宗二十四派之一。至今，国内外人士参谒大慈寺，总把祖元法师和寺旁泉井联系起来。祖元法师俗姓许，今鄞州区横溪镇横溪村人，13岁出家。36岁那年的一天，他在大慈寺香积厨外的井棚里汲水，吊桶因辘轳转动而时上时下，这一平常的现象，使祖元在喝茶时联想到，人的生老病死和富贵贫贱也像辘轳一样往复不停，由此使他对禅学豁然

---

① 陈伟权：《育王寺有妙喜泉》，载《茶风》第152-153页，中国文史出版社2013年2月版。

开悟。20世纪90年代，日本学者村上博优访问大寺，目睹古井清泉，思绪翩翩，称此井为"聪明泉"。如今当地对此保护备至。

但福泉山茶场人士告知，山中好水并非一处，真正称谓福泉的泉水还在山上。茶圣陆羽著《茶经》，评水为"山水上，江水中，井水下"，山上有胜于山下大寺泉井的山泉，更是令人神往。

原来泉在山顶原仙寿寺，从前只有不辞辛劳、攀登上山的信徒，方可得到寺院住持馈赠的福泉茶水。如今当地建成宁波茶文化旅游景点，开辟盘山公路，曲曲弯弯，向上岂止九十九个弯道，游人时而置身丛林幽深之处，在天然氧吧呼吸；时而满目茶山青翠，如碧浪翻波，偶有亭台楼阁点缀其间，犹若飘飘欲仙。难怪曾有美国友人高跷拇指，称福泉山为世界上最漂亮的茶园。

福泉在山顶，泉水涓涓，汇入方井，泉井浅底，四季不涸，旁边还有蓄水库。2003年8月宁波茶文化促进会成立，当天与会人员考察福泉山，其中徐季子教授年逾八秩，上山用大碗品尝福泉，连声赞许"清洌、甘美"。此后，茶场在福泉旁仙寿寺旧址上，建起"福泉龙泽茶室"。在福泉与茶室之间立有向游客介绍的导游碑记述：福泉来自东海龙宫的恩赐，千年不竭，清洌甘甜，含多种矿物质，具有明目润喉之功效。

人们上了福泉山顶，人处于轻松愉悦状态，还可到东钱湖景区的最高峰观赏大自然美景。在月明星稀之夜，登高望月，在幽静舒适的环境中，有接近月宫之感。在风和日丽的艳阳天里，近见东钱湖，远处有东海，可谓是"一望观湖海，万翠拥福泉"的景致。再进福泉龙泽茶室，落座环顾四周，茶室古朴清雅；静下心来，慢悠悠地品尝福泉冲泡的东海龙舌，好水名茶，在情景交融中，见不到人间的尘埃，忘却了世间的烦恼，正是"隔断红尘三十里"，自然进入物我两忘的美妙境界。

到福泉山品泉论茶，令人心旷神怡[①]！

---

① 陈伟权：《福泉山顶品福泉》，载《茶风》第154—155页，中国文史出版社2013年2月版。

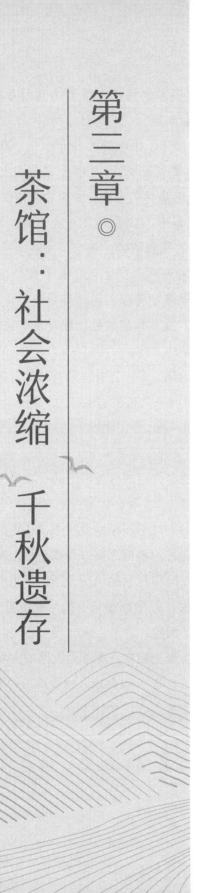

第三章 ◎

茶馆：社会浓缩 千秋遗存

第一节　一个茶馆就是一个世界

茶馆，即是公众相聚饮茶之处。中国茶馆的历史悠久，现有的资料最早可追溯到唐代。唐代封演撰《封氏闻见记》曰："自邹、齐、沧、棣渐至京邑城市，多开店铺，煎茶卖之，不问道俗，投钱取饮。"这大概是现存文献中对茶馆的最早的记载。但当时的茶馆，实际上还只是大路驿道交汇之处为行人饮水之需而设的简易设施，可能只是路边一口大缸和一些粗瓷茶碗而已。随着经济的繁荣，到晚唐和宋代，茶馆就兴旺起来，由于制茶技术的普及，逐渐使茶楼、茶肆茶的花色品种增多，满足了不同嗜好茶客的需求，茶坊、茶肆迅速普及。北宋京城汴梁与南宋京城临安的茶馆已成为一种相当发达的行业。吴自牧《梦粱录》载，"汴京熟食店，张挂名画，勾引观者，留连食客。今杭城茶肆亦如之，插四时花，挂名人画，装点店面。四时卖奇茶异汤"。

到了明清时期，许多大中城市中的茶馆茶楼已成为重要的社交场所，当时京师南京有谚语，"白天皮包水，晚上水包皮。""皮包水"指整日泡在茶馆里，"水包皮"指进澡堂子沐浴，可见泡茶馆已成为社会风尚。及至清代，封建王朝走向衰败，最终沦为半封建半殖民地，"茶馆"则成这时社会之缩影。它招来三教九流，既是各种消息见闻的发布中心，又是人们交谈的聚会场所。有的成为藏污纳垢的地方，流氓暗娼，赌博坑骗，吸毒贩毒的无所不有。它还是许多民间艺人、小商小贩借以谋生糊口的场地，说书的、唱曲的、演杂耍的、相面测字的、卖烟卖小食品的，以至于掏耳朵、修脚的等，都汇聚到茶馆里来，使明清时代的茶馆具备了多种社会功能。

正因为茶馆在日常生活中占有一定地位，反映现实社会的文学艺术作品中经常会描绘到茶馆，早在南宋期间，南宋大诗人陆游（1125—1210）诗中就出现过"茶亭"：

终日坐茅亭，萧然倚素屏。儿圆点茶梦，客授养鱼经。
马以鸣当斥，龟缘久不灵。诗成作吴咏，及此醉初醒。

其时陆游正在四川当幕僚。诗中生动描写了陆游在临湖的茅亭饮茶流连忘返的情景，也从中反映了唐宋以来，各种茗舍、茶馆已盛行在巴蜀、京师及南方各地。

说到文艺作品中的茶馆、茗舍，可以举出很多大家熟悉的例子。

元末明初施耐庵、罗贯中著《水浒全传》第十八回对宋时茶坊有一段精彩的描述。说的是官府派何涛捉拿打劫生辰纲的晁盖一伙，来到郓城县，"当下巳牌时分，却值知县退了早衙，县前静悄悄地。何涛走去县对门一个茶坊里坐下吃茶相等。吃了一个泡茶，问茶博士道：'今日如何县前恁地静？'茶博士说道：'知县相公早衙方散，一应公人和告状的都去吃饭了未来。'"这里，首先明白无误地道出了"茶坊"在当时已是一个普通的营业性饮茶场所，服务员被称为"茶博士"，饮茶称为"吃茶"；而且主要产品不是"煮茶"而是"泡茶"。在随后的描述中，还介绍了宋江和何涛二人见面后谦让吃茶以及宋江吩咐茶博士道："那官人要再用茶，一发我还茶钱。"本来博士是秦时掌管图书的一个官职，"茶博士"最早见于唐代封演《封氏闻见记》。后来，这"茶博士"便成了茶店伙计的雅号，流传至今。

鲁迅（1881—1936）的《药》更为大家熟悉，他于1919年写成的这篇小说也是以茶馆为背景的，主人公华老栓开茶馆，他为了给儿子治肺病，从刽子手康大叔那里买了沾着烈士鲜血的"人血馒头"，回到茶馆给儿子吃。茶客们陆续到了，人数不少，三教九流都有，有驼背五少爷、康大叔、花白胡子，还有一个20多岁的年轻人等。华老栓提着大铜壶，一趟一趟给大家倒水。满脸横肉的刽子手康大叔是场面上的人，信息灵通，成了茶馆里的主角，他一面恭喜华老栓得了"人血馒头"治儿子的病"包好包好"，一面又传播当天被行刑的夏瑜的信息，是亲叔叔夏三爷告的密，白赚了白花花银子25两，夏瑜在牢狱里还宣传"这大清的天下是我们大家的"，被狱吏红眼睛阿义揍了一顿，夏瑜还连声说"可怜可怜"。茶客们十分诧异，个个认为夏瑜"疯了"，连二十几岁的年轻人也不例外。

四川作家沙汀（1904—1992）在抗日战争期间写的短篇小说《在其香居茶馆里》讲述了20世纪30年代末在川西北回龙镇其香居茶馆的故事，因新任县长要整顿兵役而上演了一场"评公论理"的"吃讲茶"，进而牵连出很多矛盾和乱象。主人公方治国是联保主任，邢么吵吵是当地土豪，另一个重要角色是调解人陈新老爷。小说的矛盾冲突集中在茶馆内展开，从邢么吵吵到茶馆内找方治国兴师问罪开始。小说所选择的场景茶馆具有民族地方特色，旧社会，尤其是四川，茶馆是重要的办事地方，有矛盾，矛盾的双方便在茶馆内以吃讲茶方式谈判解决。选择茶馆也便于营造气氛，有茶客，有过往行人驻足观看。小说写道："新老爷一露面，茶客们都立即直觉到：邢么吵吵已布置好一台讲茶了。茶堂里响起了一片零乱的呼唤声。"在矛盾冲突展开的过程中，时不时插写茶客、群众的反应，既反映了民情风习，又加重了小说热烈紧张的气氛。小说最后，到县城打听消息的米贩子蒋门神带回消息，幕后交易已经搞成，邢么吵吵的儿子已经放了，"整顿兵役"只不过是一场闹剧，其香居茶馆的戏也就此落幕。正如现当代四川知名作家李劼人所说的那样，"要想懂得成都，必须先懂得茶馆"。四川作家写的小说中总是缺不了茶馆，在他的作品《死水微澜》《暴风雨前》和《大波》中，对四川成都的茶馆就有极为精彩的描写。

老舍（1899—1966）以《茶馆》命名的三幕话剧更是北京茶馆的风俗长卷，从1898年戊戌变法起一直到20世纪40年代抗战胜利，时间跨度约50年。但作家避开了对重大历史事件的直接描绘，而是着重描述这些历史事件在民间的反映，老舍的匠心所在，就是通过"茶馆"这样一个小小的角落，展现50年来的历史变迁。"大茶馆就是一个小社会"，从社会上层到社会底层，形形色色的人物都在茶馆登台亮相。《茶馆》剧本的开头就有这样一段话，说出了茶馆的功能和底蕴：

　　这种大茶馆现在已经不见了。在几十年前，每城都起码有一处。这里卖茶，也卖简单的点心与饭菜。玩鸟的人们，每天在蹓够了画眉、黄鸟等之后，要到这里歇歇腿，喝喝茶，并使鸟儿表演歌唱。商议事情的，说媒拉纤的，也到这里来。那年月，时常有打群架的，但是总会有朋友出头给双方调解；三五十口子打手，经调人东说西说，便都喝碗茶，吃碗烂肉面（大茶馆特殊的食品，价钱便宜，作起来快当），就可以化干戈为玉帛了。总之，这是当日非常重要的地方，有事无事都可以来坐半天。

　　在这里，可以听到最荒唐的新闻，如某处的大蜘蛛怎么成了精，受到雷击。奇怪的意见也在这里可以听到，象把海边上都修上大墙，就足以挡住洋兵上岸。这里还可以听到某京戏演员新近创造了什么腔儿，和煎熬鸦片烟的最好的方法。这里也可以看到某人新得到的奇珍——一个出土的玉扇坠儿，或三彩的鼻烟壶。这真是个重要的地方，简直可以算作文化交流的所在。

《茶馆》三幕戏，茶馆的面貌也随着时代而有所变迁，唯一不变的是墙上贴的"莫谈国事"条幅，不仅四个字不变，还越写越大。到了民国末年，还增添了"茶钱先付"的字样。

浙江当代女作家王旭烽（1955—）在她的巨著《茶人三部曲》中这样描绘中国的茶馆：

中国的茶馆，也可称得是世界一绝了。它是沙龙，也是交易所；是饭店，也是鸟会；是戏园子，也是法庭；是革命场，也是闲散地；是信息交流中心，也是刚刚起步的小作家的书房，是小报记者的花边世界，也是包打听和侦探的耳目；是流氓的战场，也是情人的约会处；更是穷人的当铺①。

在第二部《不夜之侯》中，有一大段写了抗战时期陪都重庆的情景，作家更是绘声绘色地描绘了重庆的茶房：

茶房就像一个杂技演员一般，大步流星地出得场来。只听得一声唱略，但见他右手握着一把握亮的紫铜色茶壶，……足有一米来长，在人群中折来折去的，竟然如庖丁解牛一般地进出如入无人之境。那左手卡住一棵银色的锡托垫和白瓷碗，又宛如夹着一大把荷花。还没走到那茶桌旁，只见左手一扬，又听"哗"的一声，一串茶垫就如飞碟似地脱手而出，再听那茶垫在桌子上"咯咯咯咯"一阵快乐的呻吟，飞转了一下，就在每个茶客的身边停下。然后便轮到茶碗们发出"咋咋咋……"的声音了，丁零眼嘟一阵，眨眼间茶碗已坐落在茶垫上。人们还没明白这是怎么回事呢，突见茶房站在一米开外，着实的大将风度，一注银河落九天，远远地，细长壶嘴里的茶水已经按捺不住自己，笔直地就扑向了茶杯，茶末就飞旋地从杯底冲了上来②。

从以上文艺作品里关于茶馆的描写，可以看出从清末到20世纪40年代中期中国茶馆的特点：

1. **茶客繁杂** "茶馆"为社会之缩影，各种大小茶馆遍布城乡各个

---

① 王旭烽：《茶人三部曲》第一部《南方有嘉木》第6章。
② 王旭烽：《茶人三部曲》第二部《不夜之侯》第23章。

角落，各行各业、各色人等都会成为茶馆的客人，以《药》《茶馆》第一幕的清朝末年为例，上至宫廷太监（庞公公）、八旗弟子（常二爷）、官府刽子手（康大叔），下到闲汉、挑夫、小贩均可在此汇集，小作家、小记者也能在这里找到位置。

2. **功能扩大**　原来只卖茶、饮茶而渐渐成为公众聚会的社交场所，多方面满足不同层次人们的需求。像《茶馆》里的北京茶馆，不算很高档，但也可以成为文人聚会、叙谈、会友、下棋、品茗之地。茶馆集政治、经济、文化于一体，社会上各种新闻，包括朝廷要事、宫内传闻、官府信息、名人轶事、小道新闻等都在此传播，犹如一个信息交流站，如庞公公、康大叔这样的官场人物，消息灵通，就会成为茶馆的主角。还可请客设宴，大量民间交易也在茶馆进行，谈生意十分方便，仿佛是个交易所，以至京郊贫农康六卖儿鬻女之事也会在茶馆进行。不仅如此，邻里纠纷，商场冲突等也往往拿到茶馆调解，人称"吃讲茶"，像治保主任方治国、土豪邢么吵吵的矛盾，也放到茶馆解决，有人戏称茶馆如同"民间法院"。另外，还出现了为不同层次人士服务的特色茶馆，如专供商人洽谈生意的清茶馆，饮茶品食的"贰浑铺"，表演曲艺说唱的"书茶馆"，供文人笔会、游人赏景的"野茶馆"，供茶客下棋的"棋茶馆"，等等。

3. **布局各异**　在全国星罗棋布的茶馆中，不同省份、不同地域又形成了各自不同的风格，比如江南水乡的茶馆，多半是临水依岸的水榭式楼房，古朴雅致，小巧玲珑。而北方的茶馆，则是方桌长凳，简单朴素，冬天一个厚厚的棉门帘，便把冬夏隔在门的两侧。前者的典型是四川茶馆，后者的典型则是北京茶馆。同时，不同的时代也有不同的茶馆布局，这在老舍的《茶馆》中体现得最明显。清末光绪年间，王利发刚从父亲那里接过茶馆，还算像样；到了辛亥革命后，王老板励精图治，大力改革，茶馆兼营旅店，面目有所变更；到了抗战结束的民国末年，兵荒马乱、人世衰败，茶馆也没有了当年的兴旺景象，越来越没落了。

茶馆的这三个特点在上述几部文艺作品中显得很突出，其实，茶馆还有其他一些特点也是应该引起我们注意的。例如，娱乐活动在茶馆里占据了重要地位。宋代时茶馆已有歌舞艺伎的吹拉弹唱，地方戏曲也常在此表演。清代开始，曲艺说唱艺术成了茶馆一项主要内容。民间艺人口头文学创作的评书、白话如《三国》《隋唐演义》《西游记》等是评弹艺人、评书与大鼓艺人在茶馆表演的主要曲目。许多来客饮茶是名义，听书是主要目的。茶馆成了评弹、评书、京韵大鼓、梅花大鼓、四川清音、灯影、木偶戏等多种曲艺剧目演出的主要场地。

在北京，茶园几乎成了戏园的代名词，如著名的广和茶园曾邀请许多名伶献艺，东顺和茶社不仅京剧票友常到此聚会活动，而且连四大名旦之一的程砚秋也经常光顾品茗。茶馆还是一些曲艺大师的艺术人生发祥地，如四川曲艺家李德才、李月秋、贾树三，评弹演员徐凤仙姐妹等，他们的艺术生涯都是从茶楼、茶馆开始的，大众百姓也从这里欣赏到他们精彩的表演。

第二节　宁波茶馆的历史及习俗

据有关资料，全国饮茶与茶馆的历史均为四川最早，但浙江也属于先行的地区之一。至少是南宋在杭州（临安）建都以后，茶馆已经遍及临安和浙江各地了，这在历代文人的笔记小说如《都城纪胜》《梦粱录》中均有提及。钱塘吴自牧约撰于1274年的《梦粱录》卷十六《茶肆》中就有这样的记载：

汴京熟食店，张挂名画，所以勾引观者，留连食客。今杭城茶肆亦如之，插四时花，挂名人画，装点店面。四时卖奇茶异汤，冬月添卖七宝擂茶、馓子、葱茶，或卖盐豉汤；暑天添卖雪泡梅花酒，或缩脾饮暑药之属……大凡茶楼多有富室子弟、诸司下直等人会聚，习学乐器，上教曲赚之类，谓之"挂牌儿"。人情茶肆，本非以点茶汤为业，但将此为由，多觅茶金耳……

从以上引文看，已经描绘了宋时茶馆的店面、布置、经营内容、娱乐项目、赚钱方法等，实在是不可多得的茶俗资料，弥足珍贵。南宋京城的茶俗必定影响不远处的明州府，历史上宁波的茶俗也八九不离十。但是，历史上关于宁波的茶馆的资料却无从觅得，1990年版的《宁波市市志》里也没有宁波茶馆的只语片言。倒是宁波人经商走四方，将茶坊开到京杭一带，在历史上有所记录。北京和平门外的"正乙祠"茶园，就是宁波人创建于清康熙六年（1667）的。每当逢年过节，旅京的宁波人士在"正乙祠"先用三茶六酒祭神祭祖，然后联谊聚旧，大家喝茶看戏，品尝茶食小吃。据考证，正乙祠还是北京城内最早的茶园戏楼，后迁到宣武区西河沿大街220号，是一个具有文物价值的地方。1995年经宁波籍企业家的投资重修，现已成为弘扬京剧国粹的重要场所。

宁波本地的茶馆，据宁波档案馆所存资料，1949年前后，海曙、江东、江北老三区范围内有各类茶馆79家，到了20世纪50年代尚剩57家。这些茶馆（包括茶馆兼书场）有江北一带的四明岳阳楼、淮海澄清楼、兰江茶园、汇芳楼、福荣轩、中华轩、渭泉楼、北同春楼；江东一带的一笑楼、慎记茶楼、滨江楼；海曙范围内的旭日东升楼、来商得意楼、天下第一楼、南同春楼、七星茶楼、第一楼（西门口）；还有花旗烟草公司游艺场茶室、中山公园游艺场茶室、大世界游艺场茶室、中山民众教育馆茶室、宁波青年会茶室等。

除了上述以外，各县县城所在地和较大集镇也有茶坊书场。如鄞县鄞江桥的得意楼，镇海城里的关圣殿书场，慈溪的观城书场、庵东书场、周巷书场、龙头场书场，余姚城区的维乐园、得意楼等。

这些茶馆呈现了如下特点。

一、设施档次普通

这些茶馆，似乎少见有高档的。民国年间茶坊大多设在十字街口人来人往处，内摆三五张八仙桌，八仙桌一边靠墙，三边坐人，三教九流汇聚其中。进茶坊的人一般是社会地位低下的苦力，以车夫、脚夫、轿夫居多。从前宁波航船码头，多设有茶坊，如濠河头、西门外、江北岸……来来往往的搬运工，天蒙蒙亮，就陆续来到茶坊，泡上一壶茶，一根油条两只大饼，即是大多数茶客的早餐。吃了后就喝茶聊天，传播各种各样的社会新闻。

茶坊常客有固定座位。因多是贫寒的粗人，同聚在一处，可高声喧哗，可跷着二郎腿，随意地谈论家长里短的生活琐事。老茶客同桌都是茶友。茶客们每天早晨刚微明就来茶坊吃茶，一是为了"领市面"，哪处有什么活可做，等到航船到了，有人来雇佣，或背或挑，按主人指点，不出差错。如果没有"生活"可做，就留下来泡在茶坊。茶资低廉，一般不到买一副大饼油条的钱，囊中羞涩者，亦可赊账。茶坊的服务员，不称"茶博士"，而称"开水"。茶客有事需临时离开一两小时，只要将茶壶盖扣在壶上，"开水"便知悉你还要回来吃茶，所以茶具、茶位均不撤，仍然保留着。茶叶经多次冲泡，壶内茶汤已淡，"开水"这时会免费给你加点红茶末。茶客的壶里茶水没了，只需将壶盖轻轻敲一下，"开水"即过来堆着笑脸说："对不起，莫敲，莫敲。老板听见，我生意会给你敲掉。"宁波话将辞退工作，称为"生意敲掉"，盖源出于茶坊。

二、服务对象各异

不同地段的茶坊的茶客皆有行业分类。如西门口的"七胜"茶坊,以沙石、搬运工为主客;江东"福兴"茶馆,以水产、炒货业为主客;江北"伍龙""时新"茶馆以码头搬运工为主客;中山西路"朱家茶馆""集聚楼"等以石匠、泥水匠为主客;江东小戴家弄"顺记茶馆"以木匠包工头为主客。同行同业,聚在一起,交流行情。若有造庙、建祠堂、筑新宅、修路等需雇人,可在茶馆招聘木工、泥水工等,类似现代的劳务市场。

1949年前后,在今开明街和药行街交会的丁字型马路边,有位叫张炳根的杭州人,开了艸乐园茶室,据后人回忆,内设10张八仙桌,每班可接待60人,一天三班,每天有100多位茶客,上午多供清茶,下午茶食并进,吃茶的有泥水匠、木匠等,还有谈生意的中介人。茶坊用的茶叶,质量并不太讲究,绿茶、红茶都有。

当然,尽管数量较少,宁波也有一些高档茶馆,它们往往冠名为"楼"或"轩"。如县前街的"四明轩"、车桥街的"庆华轩"、大梁街的"鸿园"、开明街的"春风得意楼"等,均是地处街市要冲,装饰豪华、气宇非凡的茶楼。用的茶具一律细瓷盖碗,供应优质名茶。茶客多为商店业主和地方乡绅。晨来吃茶,他们中不少人将鸟笼带入茶馆,挂在屋檐上,一鸟喧叫,百鸟和鸣,确是个怡神逗趣的好地方。也有斗蟋蟀赌钱的。此类茶馆都设有包房雅室,室内置有红木专用的牌桌,名"碰和台",桌面四边有凸起挡沿,每边设一只小抽屉,四把靠背椅,两只小花几,供下午或晚上的茶客"控花"或搓麻将用。为防备社会上流氓骚扰,茶楼花钱请名流、政要、官员赠匾撰联挂于堂中,流氓见了以为该茶馆背后有"牌头",就不敢为非作歹了。另有江北青年会由西方教会开设,除茶座外,周末举行交谊舞会或歌唱会,或放外国原版电影,此处中午、晚上供应西餐。客人以青年学生和文化人为主。即使茶客来自普通阶层，但在茶馆悠闲轻松、祥和的环境中，急人进入茶馆，心情便会觉得舒缓；愁人进入茶馆，情绪会变得开朗；粗人进入茶馆，也会使其言行显得有礼度。

三、娱乐活动较多

茶坊、茶园、茶楼，规模较小者纯粹吃茶聊天；规模大一点的，既有文化生活，成为休闲处所、社交之地，又是传播文化的场合。例如，茶坊书场经常合一。评弹说书分为二档、五档、七档三种，指的是一个弹唱节目，分二人、五人、七人表演。在说唱宁波走书、四明南词、滩簧、采茶篮、苏州评弹等节目中，伴以琵琶、凤凰箫，其中七档的，层次较高，有重大喜庆活动时才会有此表演。茶坊书场发展到后来各有侧重，有的以茶为主，有的以书为主。据《宁波曲艺志》记载，清末民初，宁波市区和农村较大集镇已有不少茶坊，上午喝茶吃点心，下午或晚上由曲艺人演唱，主要是评话和走书，到茶坊书场里来演唱的大多是长篇书目，如《三国演义》《水浒传》《隋唐演义》《说岳全传》《大明英烈传》《杨家将》《包公案》《施公案》等演义书和传奇书。一部书往往要唱十天半个月，甚至三月半载。每天唱几回，到紧要关头，来个"且听下回分解"，留个悬念，以此来吸引更多听众。宁波地方戏曲甬剧，来源于茶馆里演唱的滩簧，艺人金玉兰、小白眼、傅翠雅、倪月娥等都是以茶馆为演出场所。以醇厚的乡土音韵、委婉流畅的地方曲调，将《拔兰花》《打窗楼》等一批男女恋爱故事的剧目演绎得出神入化，唱红了宁波全城。此后走入大上海，逐渐演变为甬剧。

时至20世纪50年代，甬上茶坊、茶园有所减少，文化品位却更有提高。许多茶坊书场说书节目有古代的、现代的，内容健康，为市民所喜闻乐见。在市区声望较高的有红宝书场，1950年创建于江北岸旧海关附近，1951年迁到和义路口，后又迁到后市巷，至今在鼓楼附近仍有新红宝书场。

四、"吃讲茶"盛行

前面说到四川籍作家沙汀在名作《在其香居茶馆里》写到的"讲茶",是茶界的一个习俗,不仅仅是四川,浙江、宁波一带也十分流行,而江浙一带将此称之为"吃讲茶"。一般都设在规模较大、格局较高的茶馆里。

这是茶馆除休闲娱乐之外的另一特殊功能,即有调停民间纠纷的作用。如邻里间、亲朋间、做生意等出现了矛盾纠纷,到茶馆一坐,有威望者秉公评议,使双方心服口服,化解矛盾。这有似当今法庭的"庭外调解",民间称之为"吃讲茶"。甚至地痞流氓之间发生了矛盾,也有"吃讲茶"的做法,由头面人物出来摆平双方,争执双方一旦进入茶坊,几口清茶入嘴落肚,肠回气荡,便会心平气和,息事宁人。所以,"吃讲茶"在茶馆中也是常见的事[1]。因"吃讲茶"是著名习俗之一,特作重点介绍。

在旧社会,老百姓最怕打官司,他们知道"朝南衙门八字开,有理无钱莫进来"的奥妙,所以,老百姓之间,一旦发生了纠纷,宁愿上茶店里去"吃讲茶",也不愿上衙门打官司。旧时的茶店既是老百姓喝茶、听说唱、谈天说地的娱乐休闲场所,也是民间议是非、判曲直、调解纠纷、息事宁人的处所。诸凡街坊、邻里、亲友之间发生房屋买卖、租赁、田产出入瓜葛、水利灌溉权益、山林开发、砍伐以及婚姻、分家、析产甚至收养义子、领女等大大小小的纠纷时,多半按传统习俗到茶店里去"吃讲茶"解决。

"吃讲茶"有一定规矩,一般总是由双方当事人自愿邀集一帮子左邻右舍、亲朋好友、知情人士,约日集合到某家茶店里。平时茶馆服务员都是"茶博士"——但宁波习俗不称"茶博士",而称"茶水",

---

① 郑道明:《旧时代的宁波茶馆》,载《茶韵》2007年第8期,第61—63页。

但遇到"吃讲茶"这种大场面，总是由老板或老板娘亲自出马担任服务员，给每一茶客沏上一碗用上边有盖的焖碗盛泡的"焖碗茶"，给坐在"马头桌"上的"调解主持人"泡上一壶上等龙井茶。先请大家喝茶，到茶水冲第二开后，大家就不再"东说梁山西说海"了，由调解主持人把手中擎着的茶杯在马头桌上一放，表明调解程序开始。这时全场肃静，先由双方当事人当众陈述事情的前因后果及自己所持的理由，指责对方的缺点和错误或驳斥对方的无理和无情，并提出要求处理的意见。待双方陈述完毕，就开始由茶客们根据双方的陈述理由和自己亲眼所见或亲耳所闻的有关事实，进行分析、判断，提出个人处理意见，表示不偏袒一方、也不为任何一方护短，本着公正、公平态度。旧时茶店的一般格局，在靠近店门口账桌头的地方，总是安排有成双的一对桌子，俗称"马头桌"，顾名思义，不无"马首是瞻"的内涵。凡进出茶店的新老茶客，都知道"马头桌"的尊严，一般都不会去染指马头桌而自讨没趣的。有资格坐马头桌的，必定是在当地辈分高、有声望、办事公道、受人尊敬、有一定威信和号召力的地方知名人士，号称"老爷、店王"之辈，由他们担任"吃讲茶"主持人的角色，也就是众望所归的"裁判长"了。

当众茶客各自发表意见和提出处理办法的建议以后，"裁判长"综合大家的意见和建议，就在马头桌上发表个人理由和决定意见，当场拍板，判定谁是谁非，一锤定音。而茶客们则纷纷表态，拥护裁决，说些诸如"三大人（某店主）话咚就算数了"这类的话。理亏的一方，一般都只能服判，照例就得负责付清全部茶客包括坐马头桌的主持人的那壶上等龙井的茶资，相当于当庭缴付败诉的诉讼费一般。事后按"裁判长"的裁定执行，不得再生异议。一般说来，这种民间调解往往都会顺利执行生效。当然也有个别横蛮之辈，当场不服裁决，甚至恶语伤人、大打出手的。但不管这种不逞之徒如何胡闹，无论如何也斗不过群众公认，最终还得在吃第二次讲茶时认错服输，赔礼道歉，从而解决纠纷。这种"吃讲茶"是约定俗成的地方规矩，公众舆论所系，往往能胜过官府裁决，具有极强的威慑力。

"吃讲茶"习俗，重视民间调解纠纷而不愿上衙门打官司，既有时代因素也有条件因素。它成为民间风俗范畴内的一条亮丽风景线，民俗学泰斗钟敬文教授在《绍兴百俗图赞》序文中曾写道："至于像《吃讲茶》中所记，那种民间自动调解民事纠纷事件的美俗，就不仅是民族社会文化史的宝贵资料，而且是在社会主义文明建设中特别值得提倡的良好风尚了。"①

第三节　新世纪茶馆更风光

甬上新一轮茶馆业崛起于21世纪初。据宁波茶文化促进会茶叶流通委员会调查，截至2014年11月，市区有不同类型的茶馆、茶室304家，分布在各县（市）区的约有150余家。茶馆业的兴盛，有利于茶文化的弘扬与普及，宁波历史文化名城呈现一道亮丽的风景。

步入现代社会后，人们之间的交往更为频繁，方式更为开放。群体意识的增强，使人们从各个方面加强了交往和联系。人际间的交往发展到政治、经济、文化、娱乐等各个领域。为适应这样的需求。各式茶楼竞相发展，各种类型的拜访、交流、茶叙、座谈和派对等活动在茶楼更加普及。由于社会进步，经济繁荣，使传统意义上茶馆的功能开始发生变化，现代茶馆呈现了新特点和新功能。

---

① 钱茂竹：《绍兴茶文化》，浙江文艺出版社1999年版，第247-249页。

一、档次提高、环境幽静、设施完善

人们一改旧时代对茶坊的偏见，不再把茶馆看作是下等人云集的地方。现实生活中，人们往往需要一定的空间作为居住空间的延伸，尤其是亲朋聚会、商务会谈、情侣约会等，都需要一个相对安全且条件良好的公共空间，现代城市中的新型茶馆因环境舒适，设施齐备，服务上乘可满足人们对公共空间的需求，是可以将个人志趣与公共空间结合在一起的好场所。而这种志趣，就是高雅茶文化的兴趣、健康生活的兴趣。人们以茶请客，以茶会友，在宁静舒适的环境里，尽情享受安闲生活，谋划着再创辉煌的宏图大业。如两度被评为全国"百佳茶馆"的清源茶馆天一店，2003年创办，地处宁波闹市，馆内的自然生态和馆外的车水马龙，形成明显反差。茶馆里小桥、清溪、池塘、荷花、奇石、竹黄等错落有致，像个世外桃源，真可谓闹市中的净土。社团开会、企业洽谈、同学联谊、家庭聚餐以至情侣约会，多爱找那些幽静的去处。新时代的甬上茶馆，男女无别，老少咸宜，既满足茶人兴致，又引导市民爱茶、品茶时尚，逐渐成为市民休闲、会友的理想之地。

二、功能齐备、餐饮结合、寓教于乐

现代茶馆有多种功能，如品茶带餐饮，就是宁波旧式茶馆的延伸和发展，适应港口城市的工作节奏，符合市民讲究实惠的心理。茶馆内供应绿、红、白、黄、黑各档茶叶；自助餐不限于旧式茶馆所置的少量茶食，而是形式多样，品种琳琅满目。馆内设有大小包厢分隔出相对自由的空间。如清源茶馆的月湖盛园店，至今保持此种风格。与清源茶馆风格相近的，还有灵桥路上的太和茶馆、外滩的颐和茶馆等。至于文艺演出，音乐、舞蹈、戏曲等艺术，主要表演场地当然已移至现代大剧院、小剧场等专门演出场所，但茶馆仍然在举行戏曲、音乐、曲艺表演。特别是曲艺、说书、折子戏等艺术形式以及小型室内乐器的表演，不会因场地的限制影响演出的效果，成为茶馆中受人欢迎的表演艺术。棋牌活动在茶馆的开展由来已久。怡情怡性的麻将、象棋、围棋、扑克等活动，在茶馆里也很常见。当然也有一批纯粹的清茶馆，如宾馆饭店的大堂均设有茶室。天一广场的雪峰高山茶天一店、福泉山上的茶馆、月湖芳草洲内的鼎上楼等，都以单一的品茗为特色。茶叶以绿茶为主，档次较高。这类清茶馆，茶客比较稳定，多为上层人士待客会友之场所。清茶馆的主办人，好多不以赢利为目的，常作为联络社会各界人士的渠道和场所。

三、立足地方、传承民俗、体现特色

任何一个城市，因为其独特的地方民俗和城市建筑特色形成一道城市风景。而对于外地游客所涉足的茶馆，也成了这座城市文化特色的窗口，比如北京的老舍茶馆、上海的"湖心亭"、成都的"老顺兴"茶馆都是比较典型的代表。成都老顺兴茶馆地处闹市中心，国际会展中心也在附近，人气极旺。茶馆经营者们利用这里展示"老成都"的城市建筑和食俗文化，定时演出川剧"吐火""变脸""围鼓"等特色剧目，使"老顺兴"在几年之内便成为享誉海内外的一个著名景点，成为展示地方民俗文化和城市特色的重要窗口。而时下甬上的茶馆大多亦是如此，均有浓郁的茶文化气息。书有"茶"字的红灯笼高挂，与茶有关的装饰品醒目，与宁波地方历史、文化有关的诗书、画印、照片琳琅满目，有的还陈设着大批茶具、茶书，茶馆人员服饰大致与环境协调，好多茶馆还培训茶道茶艺人员，经常开展茶艺表演。

曾有甬上文人写《茶楼赋》，其中所述甚为生动与贴切：

……登上华丽阶梯，绕过曲折回廊，身入崇文之馆，心追阅古之堂，典雅纯朴，更添新装。书画淋漓，皆是宁波翘秀，珍玩磊落，堪称四海宝藏。且夫以茶会友，源远流长。四明龙尖，武岭旗枪，采在清明之前，来自云雾之乡。更有曲毫嫩碧，玉叶清香，台湾乌龙，玉液琼浆，滋味各异，供客品尝。一杯在手，唤起清都之梦；三碗入口，洗涤尘浊之肠，透肺腑而隽永，沁齿颊而留香。可以休闲，可以约会，冬可取暖，夏则生凉，可以助诗思，可以论文章，生财有道，宜作洽谈之所，朋友抒情，自有昵语之厢，时闻丝竹管弦之盛，兼具笔墨纸砚之良，移风易俗，国运隆昌。君子曰：茶道之大焉，祝君寿而康[①]！

第四节　宁波各式茶楼介绍

宁波历史上有众多著名的茶楼，争奇斗艳、各有特色。近年，宁波市茶馆业发展很快，现有近500个大大小小的茶馆，琳琅满目、精彩纷呈，要一一介绍十分困难，现选择几个有代表性的茶馆作简单介绍，以窥宁波茶馆业之全貌。

一、宁波历史上的著名茶楼

（一）宁波人办的正乙祠戏楼

北京的正乙祠戏楼在中国戏楼发展史上具有重要地位，被学者们

---

① 殷志浩主编：《四明茶韵》，人民日报出版社2005年版，第108—118页。

誉为"中华戏楼文化史上的活化石"。对宁波人来说,它还有更重要的一点——它是1667年由宁波人创建的,是逢年过节让旅京宁波人祭祖聚会的场所。可以说,它几乎是那个时代的"宁波驻京办事处"。

300多年前的这个"宁波驻京办"的位置,在北京市宣武区前门西河沿大街,东与天安门广场相邻,南与琉璃厂文化街相连,北面是著名的北京和平门烤鸭店。这座纯木结构的古戏楼,曾是明代的古庙,清康熙年间由浙江宁波府在京的银号商人购置,成立"银号会馆","以奉神明,立商约,联乡谊,助游燕也"。后经多年的修复,内设神殿、戏楼、厅堂、客房等建筑。每逢春秋吉日,宁波同乡在此聚会,先用三茶六酒祭神祭祖,然后摆宴联谊聚旧,品尝茶食小吃,约请戏班演戏。

据梅兰芳考证,我国戏馆最早统称为茶园,是朋友聚会聊天、喝茶谈话的地方。茶园、戏园两园合一,时间约在清朝前期。宁波人开的正乙祠名噪京华的原因之一,是因为它是戏曲艺术诞生、发展、繁荣的见证。正乙祠占地面积约1 000米^2,坐南朝北,戏台为三面开放式。戏台对面和两侧均为上下两层敞开式的包厢,戏台前约有100米^{2}看池,可容纳近200位观众看戏、品茶。高悬在戏楼后面墙上的"京剧名伶同光十三绝画像",可让人们一睹200多年前京剧创始人的风采。近代以来,许多老辈艺术家如程长庚、谭鑫培、梅兰芳、卢胜奎、杨小楼等名家,都曾在此登台献艺。

新中国成立后,正乙祠被改作北京市教育局的招待所。1995年1月,宁波的青年民营企业家王宇鸣走进了正乙祠。他租下这座古祠,出资重修了戏楼,让这座北京最古老的戏楼"梅开二度"。1995年10月正乙祠修复竣工。修缮过的正乙祠戏楼青春焕发。穿过大门,影壁上有"中华神韵"四个大字。对称的月洞门后,一座敞亮精致的戏台赫然屹立。环绕戏台三面是带隔扇门的两层廊房雅座。楼上栏杆红柱绿格,回纹望板,朱地金纹,古色古香。6米见方的戏台藻井护顶台柱屹立,高大的屋顶显示了"卷棚歇山顶"的独特风格。正面横匾上书

"正乙祠戏楼"五个隶书大字，字体雄健浑厚。支撑戏楼的四角立柱朱漆闪亮，雄伟壮观。仰头上望，距地面10来米高的大柁与横梁都用清式大点金旋子彩画，愈发显得富丽堂皇。宽敞的池座，乌漆清式四方桌，三面放置椅子。看戏的人，可以坐在椅子上，舒适地一边品茶一边看戏。

新修正乙祠的开幕式由梅剧团梅葆玖、梅葆玥、王树芳等名家演出传统戏《大登殿》。场面喜庆火爆，社会各界名人到场祝贺。此后，这里经常有京剧、昆曲、评弹、越剧、河北梆子等剧种的精彩演出，悠扬的演唱和丝竹声从古老的戏楼里再度响起，飘向夜空。正乙祠成了首都一处独特的人文景观。旅京宁波人也为之兴奋。当时的宁波市政府驻北京办事处，还在这个地方开展过推介宁波的联谊活动，邀请一些在北京的"宁波帮"和"帮宁波"人士，大家一起喝茶座谈，为宁波的开放、建设出谋划策。

1998年，由于租赁纠纷，王宇鸣离开了正乙祠。后戏楼关闭进行修缮。2010年10月12日夜，整修一新的正乙祠"重出江湖"，首场《梅兰芳华》古戏楼版京剧演出轰动北京城。

21世纪的正乙祠戏楼，票价240元一张，最高680元，四人包厢1 500元。那个最大的包厢要18 000元，可坐12人，有茶水、手巾伺候左右。古老的戏楼，高雅的京戏，听戏、品茶，那份悠然、惬意飘飘然，如入梨园梦境。作为茶文化与戏曲文化的融合体，正乙祠戏楼具有极其珍贵的历史文物价值，无论谁管理，都是难得的历史文化遗产。所以，宁波人如果去北京，正乙祠戏楼是不可不去看一看的[①]。

（二）清末民初余姚的茶楼

清末民初，余姚城内茶楼众多，并多为艺人演出场所。其中著名的茶楼有和鸣桥的望月楼，江南东街的得意楼，牌轩下的昌福茶店，

---

① 乐乐，《正乙祠戏楼与宁波》，载《茶韵》2011年第4期，第50—51页。

桐江桥的四时春、稻香村茶楼，季卫桥北堍的阿泉茶坊等。茶楼规模小的可容茶客数十人，多则百余人。茶楼以邀请艺人表演招揽茶客。根据茶客爱好，多以滩簧艺人表演折子戏为主，偶有评弹、评话艺人坐唱。茶客可在戏（书）目折子上点戏，边品茗，边看戏听书。茶楼因而生意兴隆。

稻香村茶楼旧时号称"余姚第一茶楼"，地处桐江桥闹市，内设小卖部、理发室、弈棋等服务、娱乐项目，设施配套齐全，服务周到，茶客常年不绝。滩簧艺人常在茶楼整月包场演出，如艺人诸如林包四时春茶楼、鲁瑞连包昌福茶店演出，康越芳、霍文祥、陈老生则是阿泉茶坊常驻艺人[1]。

（三）郑氏十七房太极茶道茶馆

镇海郑氏十七房的历史源远流长，有深厚的文化底蕴。远古时代即有郑姓家族，人口达到一定数量就开始分房。春秋战国以后，分房后郑氏十七房的祖先郑玄是中国古代影响很大的经学大师，其家族从河南南下辗转江西、杭州至宁波。郑氏十七房的茶馆"太极茶道"是郑氏后裔在清光绪年间所创立的，延续至今已至第六代了。1999年，在全国6万余家茶馆中，该茶馆被商务部评为唯一的一家"中华老字号"。

在杭州河坊街太极茶道博物馆里，陈列着茶罐、招贴、茶器、家具及太极茶道绝技图，清晰地再现郑姓家族茶人的一个个历史片段。还有一部中国唯一的茶人家族族谱《郑姓家谱》，在这部重修于清咸丰三年的家谱上，人们可看到"浙江郑氏源流"的字样，还能看到"崇祀产""息争讼""贯勤俭"等祖训。茶馆太极茶道第六代传人郑修远曾表示，宁波郑氏后人在郑氏十七房挂着"天道酬勤"的牌匾，还有"纯"字辈、"修"字辈的排名，太极茶道馆里也挂着一块同样的"天道酬勤"的祖训牌匾[2]。

---

① 周建华：《姚江戏曲》，浙江古籍出版社2009年12月版，第242-243页。

② 星光：《"中华老字号"茶馆 出自镇海》，载《海上茶路》2018年第3期，第48页。

（四）余姚梁弄的茶馆

梁弄老街，自北至南，穿镇而过成"Y"形。地面由鹅卵石铺成，已被踩踏打磨得光润圆滑。其中最热闹的地段是牌轩头，往南近20米即为三岔路口，三街汇合，人流集中，人头攒动，于是便有了茶亭和茶馆。

茶馆在牌轩北首，与南侧的茶亭相呼应，共两间：一间店内长条板桌、木凳分列二排，另一间垒置茶灶。老虎灶上一字搁着几把长嘴大肚铜茶壶。茶馆主人姓黄，人称"茶馆阿三"。肩搭一块白花花抹桌帕，见有客人进来，一手扣着铜壶，一手托着茶具跑过来，嘴里吆喝着："火热滚烫茶来哉！火热滚烫茶来哉！"那些老茶客手捧古色古香的紫砂壶先打开壶盖闻一下扑鼻的清香，然后茶汤入口，细细品味，一副怡然悠哉的神态，正所谓是"品罢手工茶几盏，只羡人间不羡仙"。

茶馆与旁边的茶亭不同，来喝茶的一般都是身边有几个"活水"铜钱、有口饭吃的人。有社会上的乡绅，有经商的生意人，有临时出来透气消闲的，也有专门来市面探消息的。"梁弄古镇亦何有，仙茗白泉胜甘乳"，梁弄茶好、水好自然也吸引了许多外地客人，慕名前来品尝者亦络绎不绝。茶客们几口茶落肚，话匣子一打开，古今中外，天南海北，大到天下风云，世事变迁，小到城乡逸事，人间悲欢，邻里趣闻……全都在品茶中一一交流。茶馆常客及坊间闲人三天两头到茶馆说戏、说书、讲故事、谈生意，尤其在农闲时节，人来人往，称得上一番热闹。

梁弄的茶馆，还流传着抗日战争时期的故事。

有一年，茶农万人到余姚县请愿，获得胜利，民国县政府同意向梁弄拨发三万斤救济粮，消息很快在这座茶馆传播。但是过了两天，茶农却没有得到一斤救济粮，姓陈的国民党梁弄区长耍滑头，对茶农说政府没有通知，我这里也没粮食，你们直接向县政府去要粮好了。

陈区长的说法从茶馆传出后，引起群情激愤，有茶农暗中联络了共产党四明工委负责人朱之光。

很快，在黄家祠堂集中了三五百人，要求姓陈的区长与茶农见面。那区长看到这么多人情绪激昂，心里发慌，忙请来朱之光，向他求教。朱之光明确地说，这次茶农集会是你自己招来的，又问："县府对你有指示吗？"陈说："有的。""要赈济三万斤粮食的事，有吗？"陈说："也有的。"朱之光再问："梁弄区有储粮吗？"他又说："有的。"朱之光就说："那就好办了。你把这三点老实讲出就可以了。"当时正值国共合作时期，陈区长希望朱之光也到场讲话。朱之光和陈区长走上台时，场面很热烈，茶农争着发言，朱之光把帽子一挥大声说："请陈区长讲话吧！"姓陈的区长按朱之光所述，讲了三点，表了态，落实了赈济粮的发放，群众鼓掌表示赞同，很有秩序地回去了。

茶农请愿的消息在茶馆传播最快，时起时落，风波迭起，可谓茶馆是发表消息的第一时间、第一地点。梁弄十里八乡每遇民间有事争执，双方也会约定一起来茶馆，请当地有威望的乡绅调解裁决。于是便流传下来"有事情明早到茶馆里去讲"的习俗。

当时到茶馆来的有位常客，大家对他十分尊重，那是正蒙学校校长邵之炳。他自正蒙小学毕业后，求学于杭州浙江省立第一中学，先后在上虞永和市平昌小学、余姚康节小学任教，抗日战争相持阶段，回到梁弄任正蒙小学校长。他一生爱茶，在茶馆里与各类人物都有交往，还为牌轩头茶馆写了一副通俗的对联——"美不美，家乡水。香不香，梁弄茶"。邵之炳兴致所至，还用隶书为茶馆写了幅茶谜诗，"扎根青山翠谷中，温和清雅四季葱。除病解忧助人乐，任凭东南西北风"。开始他朗诵时，有些人似懂非懂，见他书写到纸上，原来谜底就是"茶"。邵之炳与浙东游击纵队谭启龙政委、何克希司令接触很多，与鲁迅学院黄源、地方领导人朱之光经常相处在一起。他坐在茶馆不经意间可得到重要情报，为革命作出贡献。部队北撤后，他保持与中国共产党秘密联系。新中国成立后，邵之炳是余姚县政协副主席、政协浙江省第一届委员[①]。

二、当代宁波茶馆介绍

改革开放以后，宁波办得最早的茶馆当是位于海曙区范宅的宁波范宅茶馆，1994年注册，经营人为陈陟旻，面积为250～300米^2，主营名优茶、茶食、茶饮料，是市场经济条件下宁波最早的一家上规模、上档次的专业型茶馆。另一家开办较早、有影响的茶馆是宁波市茶叶联合公司下属的宁波茶馆，位于兴宁路，茶馆经理钱圣鲁，主营名优茶批发、零售，兼营茶馆、茶食、茶饮料，经营面积为300～350米^2。20世纪90年代中期后，特别是21世纪以来，宁波的茶馆业方兴未艾，如宁海县就有70余家茶馆，还于2015年成立了宁海县茶馆业协会。各地陆续涌现出一些很有特色的茶馆，成为宁波茶业的一道亮丽的风景。

（一）五星级茶馆——清源茶馆月湖盛园店

进入21世纪以来，宁波最负盛名的茶馆当属清源茶馆。它始创于2003年，最盛时期有天一、江东、镇明路3家，是杭州吴氏姐妹创办的杭式茶馆，清源茶馆旗下还有松沅茶行（位于和义大道）、月记窑（位于和义大道）、清源茶寮（位于天一广场）、卡纳湖谷（位于东钱湖）四个品牌。清源茶馆后迁移到镇明路的月湖盛园，在发展过程中获得多项荣誉，2003—2004年、2007—2008年两次荣获"全国百佳茶馆"称号；2010年，由全省11个地市推荐的星级茶馆评选，经茶艺茶道专家组实地考察、评议，宁波清源茶馆月湖盛园店成为全省唯一五星级茶馆。

宁波清源茶馆月湖盛园店开业于2010年5月1日，经营面积1 200余米^2，为宁波以茶餐、品茶为一体的专业性大型茶馆，位于宁波历史

---

① 张国源主编：《白水闻茶——中国绿茶瀑布仙茗探源》，中国文化出版社2018年版，第96-106页。

文化浓厚的街区——月湖盛园古建筑群内，地处市中心繁华商业圈内，单日客流量最多达300余人。

清源茶馆是宁波最早与劳动局合作培训茶艺师的茶馆，直至2018年还在东钱湖卡纳湖谷别墅区开设茶空间、提供茶艺培训等各项服务，培养了大批茶艺人才。月湖盛园店拥有国家级专业茶艺技师2名，国家高级茶艺师3名，初级茶艺师11名。在职员工40多人，前场直接参与客人服务人员30名，且均通过茶艺专业知识及服务礼仪方面的培训，分设前台接待（迎宾）人员、专门出茶员、泡茶人员、现场管理人员及值班经理。

其经营的茶品50种，涵盖六大基本茶类，其中品乌龙茶的点击率颇高。茶馆的设计风格空间感较强，环境幽静、优雅，江南庭院式院落再现，为品茶营造了一个高级的享受场所，被众多茶客作为品茶、邀朋、商洽的最佳选择之地。茶馆设品茶区、高级品茗区和琴房，通过不同的茶叶品质、环境和服务，让诸多茶客不仅品到好茶，还享受到了贵宾优待。而琴房专为高级茶客提供听琴、学琴的场所，还可以免费赏乐。开业后，曾多次被当地媒体报道。

茶馆茶单内各类茶品均有出茶标准，所有乌龙茶类都使用功夫泡，花茶类均使用情调壶，绿茶类分别使用玻璃器具或白瓷。客人在品茶的同时还可以通过店内无线网络办公、聊天，通过身边报架上的报纸关注时事要闻，通过时尚杂志关注当下流行风尚。茶馆按照自助式茶店模式经营，在品茶的同时，还提供60余种自助食品，其中干果16种、水果14个品种、点心10个款式、茶和主食类20多种，琳琅满目，应有尽有。

月湖盛园的清源茶馆还不定期进行对社会公开的免费茶艺培训和表演，对茶文化知识进行公益性宣传和推广活动，已在宁波培养出百余名茶艺爱好者和工作者。茶馆有专门的对外、对内茶艺表演团队，无论是企业聚会、沙龙，还是客服的联谊，都可以看到清源茶人的身影。

现清源茶馆月湖盛园店老板已经换人，但清源茶馆月湖盛园店仍保持了原有的风格，一边是优雅的沏茶技艺，追求品茗的美妙境界，尽显传统悠久的茶文化之精髓；另一边是古琴古筝演奏的高雅音乐，并伴有琳琅满目的茶点。在此享受的不仅是悠然自得的惬意，更是一种充满"禅味"的淡然生活方式[①]。

（二）古风新韵——涌优茶馆

宁波江北的老外滩有一家在宁波颇有知名度的茶馆，名曰"涌优茶馆"，于2015年夏天正式开业。2016年11月，在宁波市文化发展基金会举行的全城寻找最美"文化＋"系列评选活动中，被评为文化十强茶馆之一。

坐落于三江口北岸的老外滩是宁波的一个重要去处，它地处宁波市中心的甬江、奉化江和余姚江三江汇流之地。人们都知道，宁波在唐代就和扬州、广州并列为我国三大港口，也是清代"五口通商"的对外开埠区，而开埠于1884年的老外滩，正是鸦片战争后宁波"五口通商"的历史见证，是目前国内仅存的几个具有百年历史的外滩之一。外国领事馆、天主教堂、银行、轮船码头一字排开，保存下来的建筑有英国领事馆、巡捕房、浙海关、天主教堂、江北耶稣圣教堂、宁波邮政局、通商银行以及一些民房，如老"宏昌源号"、商人私宅"严氏山庄""朱宅"等，几乎记录了宁波开埠的整段历史。整个外滩，宛若100多年前上海外滩里面的老街。

涌优茶馆坐落在外马路61号，一幢五层洋房，门前挂着红宝石般的大红灯笼，既古朴，又热闹，有点中西合璧的味道。门两边有一副对联耐人寻味——"煮沸三江水，同饮五岳茶"，上面一块蓝色底镶金色字的标志"海丝之花国际文化艺术中心"。进门以后，穿着浅蓝色旗袍的工作人员热情迎接，只见宽敞的大堂里随处可见雕塑，尤其金丝

---

① 立斌：《浙江唯一五星级茶馆花落宁波——清源茶馆月湖盛园店纪实》，载《茶韵》2011年第1期，第64-66页。

楠木的茶圣陆羽雕塑如同从唐代穿越过来，风度翩翩，捧着茶壶正微笑着向你打招呼道："你是来喝茶的吗？"

据沈懿筠总经理介绍，涌优茶馆的房子，原本是上海滩大亨虞洽卿的老宅，这虞老先生可不是等闲之辈，蒋介石都拜他为师呢，所以涌优茶馆可谓具有得天独厚的优势。如果在夏季的夜晚，登上涌优茶馆最高楼层的阳台上，就可看到甬江两岸的风景，江对面的灯光秀不停地变换着，五彩缤纷的倒影映在波光粼粼的江面上。茶客们坐着藤椅，围着茶桌，喝着香茶，吹着江风，听着涛声，看着美景，那算得上是神仙过的日子了。宁波有沈懿筠这样一批比较年轻的茶人致力于茶馆的建设，同时传播茶文化，探索多种途径发扬"甬为茶港"的优势，宁波茶走向全国、走向世界应该是指日可待的[①]。

（三）南塘河畔茶馆多

南塘老街地处原城南的南郊路，北面为尹江岸路，东靠鄞奉路，西边为南塘河。2014年建成南塘老街第一期，成为宁波市区有名的小吃街区。两边粉墙黛瓦，雕花楼阁，古色古香，颇有旧时老街韵味。南塘一期曾开设过两家茶馆，但未能维持长久。倒是2016年南塘二期建成后，有几家茶馆办得比较兴旺。

1. 松沅源 "天香素食生活馆"外有一个灰灰的大墙门，里面是青色的石板路，路边有石磨、水缸、茶桌，还有影壁上的石雕和棕红色木窗中的"品茶禅服花道"几个字，进了"天香素食生活馆"大门，就能发现二门边还有一个招牌，写着"松沅源"，原来还有一家茶馆。在露天的茶桌旁，茶客相向对坐，泡一壶热热的红茶，海聊着东南西北，看门口人来人往，真有"偷得浮生半日闲"之感。店内有茶艺师，坐在长案后泡茶；还有一排排的麻、棉瑜伽服茶服和布鞋，博古架上的茶具、茶叶，琳琅满目、精美别致。楼上还有包厢，可供朋友聚会

---

① 一莲：《宁波老外滩的古风新韵——记涌优茶馆》，载《茶韵》2017年第1期，第95—96页。

喝茶。墙上挂着字画，台上放着盆景，一朵花一片叶，静静伫立，令人赏心悦目。茶馆连着素食馆，还卖茶具、茶叶、茶服，还时不时进行茶艺培训，这就是时下最流行的实体店跨界经营模式。

2. 心源茶艺馆　走出"松沅源"没几步就可看到一面灰墙两道门，两门之间有四五枝青青翠竹，正门两端地上趴着两只小小的石头狮子，门内有个小小的天井，天井中有一间竹子搭的品茶小斋。青青的芭蕉叶，红红的山茶花，茶寮静候客，宛如水墨画。据"心源茶艺馆"的老板介绍，来到这里喝茶聊天的，是相对固定的客户，常在晚上或双休日到这里聚会，气氛轻松，话题广泛，或是聊天聊出灵感，或是思想碰撞受启发，或是纯粹放松，让紧张的神经有松弛的一刻。该茶馆里面卖茶具、茶叶、茶服，都与茶有关，所以属于同业延伸经营。

3. 香风时来　这也是一家素食餐厅，门前招牌写一个大大的"茶"字，与"天香素食生活馆"一样，也是跨界经营的。不仅经营餐馆、茶室，还提供各式瑜伽服、居士服、大襟茶服，还有念珠等佛具。跨界是富于创造力的，能够碰撞出不同的火花。茶馆为顾客提供了一个朋友聚会、商务会谈的空间，但不仅仅是卖茶，还为顾客提供相应的文化服务，做他们的生活顾问和朋友。

4. 且亭茶事　紧邻城南书院。清代戏曲家李渔在家乡兰溪造了一座亭子，就叫"且停亭"，并为这个亭子拟了一副对联——"名乎利乎道路奔波休碌碌，来者往者溪山清静且停停"。他劝导世人，忙碌于世，可别忘了留片刻高雅，放慢脚步停一停。"且亭茶事"，不知道是不是取意于此。一位着粉色外衣的姑娘，领茶客上二楼，二楼中间是长长的茶桌，靠壁书柜陈列着茶饼、茶具和茶书，木格窗，木板门，朴素又亲切，令人情不自禁地就想坐下来，喝杯茶，净净心。人生路途迢迢，不妨借茶馆一角停下脚步歇一歇，活出生命的诗意来[①]。

---

① 青草：《南塘河街茶馆多》，载《茶韵》2016年第4期，第37—38页。

（四）茶馆行业的一道美丽的风景——慈溪梅岭轩茶馆

梅岭轩茶馆位于慈溪市浒山镇前应路，茶馆规模之大，设备之全，不仅在县级市中少见，就是在杭州、宁波也是屈指可数。这是一家以品牌休闲、会议会展、商务洽谈、棋牌娱乐、足浴保健、茶叶茶具批发为一体的休闲会所。茶馆店面用金漆镶嵌，竖悬着9排90盏象征喜庆热烈的大红灯笼，显得既古色古香又雍容华贵。走进大院，不多的空地里，留有泥土。种植着多株翠竹，楼梯上摆满了传播茶文化的书刊，楼梯上一架古筝古色古香。从一楼到四楼，茶室包厢装饰风格各异，布置不同。壁上挂满画轴楹联，"歇一歇去去暑气，喝二杯品品茗茶""茶自梅岭味更圆，水从石出清且冽"等对联都与茶有关。

老板俞丽平是余姚四明山脚下一个土生土长的农村姑娘，刚满17岁，她就到宁波闯荡天下，当过客户服务员，做过快餐生意，还办过美容院。2001年，俞丽平又把目光瞄向了茶文化行业，通过市场调查，她认为茶行业潜力很大。老百姓每天开门七件事，柴米油盐酱醋茶，茶是人们生活的必需品。经济发达的地方都要招商引资，迎来送往，宁波人好客好茶，茶楼是必不可少的。于是，她果断低价转让了美容院，投资700万元资金在慈溪开茶馆。

慈溪湖山锦绣，风光旖旎，上林湖泉水甘甜清冽，用山泉泡好茶，对四方客人很有吸引力。俞丽平经营的茶馆推出多种为茶客提供优质服务的项目，功夫不负有心人，梅岭轩的生意红火起来，市民们到梅岭轩消费既有新鲜感，又有时尚感。亲朋好友围坐一堂，先闻茶香，再品茶汤，在这样一个高档的自助式茶馆内，享受茶带来的浓浓情谊。茶馆设有每位50元的自助餐，既可选用10种新鲜的时令水果，也可自取18种南北风味花色繁多的小吃及茶点，既有宁波特色的汤团，又有北方名牌天津狗不理包子等。顾客认为到梅岭轩消费既高雅又实惠，很受茶客欢迎。

随着杭州湾跨海大桥于2008年5月1日通车，慈溪的知名度明显提升，吸引了更多的游客到慈溪旅游，投资。近年，俞丽平已定居国外，梅岭轩已不复存在，但其"茶馆行业的一道美丽的风景"的影响依然存在，前湾新区的茶馆业发展更是方兴未艾[①]。

（五）别有洞天的鄞州鹿鸣山房

闲云野鹤，仙人谷里闻鹿鸣；心有广韵，世外山房品茶香。

鹿鸣山房，位于宁波市鄞州区嵩江中路五一八弄四十八号，阡陌交通中，闹中取静，仿佛梦里陶潜的世外桃源。

门轻启，入其中，别有洞天，呈现眼前。未及深处先嗅兰花香气，木窗灰墙尽显质朴。缓踱进入，妙墨丹青、文玩古琴落入眼中。转角过去，豁然开朗，茶台茶具映入眼帘，让人不请自想落座，此时此刻，孰主孰客皆无过……

"呦呦鹿鸣，食野之苹，我有嘉宾，鼓瑟吹笙"。鹿鸣山房之名取自东汉魏武帝曹操《短歌行》一诗，胸怀深远，格局宽广。房如其名，亦是包罗茶中万象，集茗茶及紫砂壶、瓷器等各类文玩于一体，海纳百川能让到访之客尽情选择。

夫茶，一草、一木，当中立一人，草木间，乃是天人合一浑然一体的境界。鹿鸣山房秉承"沿袭古法，匠心制茶"理念，用时光沉淀，奉上精选传统工艺茗茶，并长期开设书法、古琴、国画、篆刻、洞箫、茶艺等多门课程，让茶香、墨香、兰香层层凸显，交织一体。

世事纷扰，欲理还乱，莫念莫烦，且来鹿鸣山房，寻得三五知己共同论道，纵风起云涌，时空轮换，只一盏茶，即可让万千尘世化于一挥间。

犹如仙人闻鹿鸣，胜似鼓瑟又吹笙。

鹿鸣山房，即是最佳去处。

[①] 蔡爱丽：《俞丽平与她的梅岭轩》，载《茶韵》2009年11月第4期，第62—64页。

第四章 ◎

茶亭：星罗棋布 铭记乡愁

第一节　浙东大地多茶亭

　　在公路尚未开通的漫长岁月中，人们出门步行乃是最原始的交通方式。那些纵横交错的乡间阡陌和蜿蜒盘曲的古岭驿道，连通着星罗棋布的村村寨寨，就在那流线似的小道上，点缀着众多的过路凉亭，其中有好多还是穿过凉亭（道路在亭内通过）。若在空中鸟瞰，犹如曲线上串着的、隔一定间距的一个个火柴盒子。它们是那样的普通朴素，又是那样的平易可亲，不知疲倦地接待着一拨又一拨的过往行人和肩负重任的挑担百姓。茶亭两侧的柱子上经常会看到一副对联，或"熙来攘往暂行驻足，风吹雨打从此息肩"，或"陋室一间聊避风雨，行程万里暂息仔肩"，由此概括了茶亭的意义，增添了它的文化价值。

　　三里一亭，五里一岗，忠于职守，永不避让，这就是凉亭的本质和义务。说它简朴，确也如此。三两根大柱和五六根小柱支撑起十几根桁条，桁条肩负着百来根小椽的重托，就这样地组成一副"骨架"。青砖砌成的外墙用石灰一抹，显得洁白亮堂。黑瓦盖成的屋顶遮挡风雨和日晒，四周搭上几根长石条，即光滑阴凉的座椅。虽说简单，但在一家一户单干的年代里，也总得有人发起，筹措资金，聘请工匠等。那些乐于行善的热心人，苦奔于周边乡村，挨家挨户地去"写缘字"，类似于现在的募捐。大家有钱出钱，有物献物，没钱物的出力，建造成一座座的过路凉亭，供行人纳凉、休息和避雨。造桥、铺路、建凉亭是那个年代的主要善事，等同于今天的出资助学、敬老和赈灾。

　　从时间来说，不同的季节，茶亭抗风斗雨，傲雪凌霜，显示不同的风貌。

夏天，在靠近凉亭的房屋窗台上一般都放着两只大号斗缸，泡好斗缸茶供行人饮用。斗缸茶用的虽然是粗老的普通茶叶，但茶汁浓醇清香。放斗缸茶的窗边总是放着几只竹筒做的斜口茶杯，杯子的侧面钻个洞，插上一根筷子粗细的捏手柄。大热天，行人肩扛背驮走到凉亭，早已满头大汗，放下行李来到窗台前，拿起竹杯舀上满满一杯斗缸茶，咕咚咕咚一仰脖子喝完，长长地吁口气，然后再舀上一杯坐到凉亭的石凳上，一边擦汗一边喝茶。斗缸茶喝起来虽然略带点苦味，但清香爽口，既解渴又消暑。

寒冬腊月，斗缸茶自然不适用了。行人要喝茶须走到与凉亭毗邻的庵庙寺院侧屋里或凉亭附建的小屋里，筛上一碗热气腾腾的出泡茶。早先没有热水瓶，山区一般在客堂屋里挖个火坑，人围着火坑烤火，中间吊一把茶壶烧水。有喝茶的行人进屋，提起茶壶筛茶，随到随泡。靠平原半山区的，每家屋里都有一个火缸，火缸里放一只陶罐或者鬶，周围放上树叶、谷糠或锯木屑等，然后在上面放些炭火，让其慢慢地燃烧，使罐鬶里的水沸腾并保温，客人可以随时取水泡茶。

由地域而论，无论是山区、平原，还是集镇，茶亭星罗棋布，各有特色。

山道上的凉亭，大都傍山依水。石桥、清泉、古凉亭，引人入胜。石桥下，往往是嬉戏追逐的溪鱼、贴壁的石蛙和几丛葱绿的菖蒲；亭旁必有一泓清泉解渴，好心人早已削制几只竹勺为您备用，泉边往往是修竹、绿树和芬芳的野花；亭内除了石凳和墙角有人烧午餐留下的炭灰，其他几乎什么都没有。在路上没有行人、挑山工歇息的时候，亭内安静幽雅，只有几只小鸟在梁上鸣叫，给人一种"蝉噪林逾静，鸟鸣山更幽"的感觉。等到三五成群的过往行客一进亭内，惊飞了鸟雀，打破了寂静。有饮水解渴的，有谈论市价的，也有屈指腹算买卖账目的……大伙在过堂山风的吹拂下，很快地驱走燥热，顿觉心爽神怡。不一会儿，又整装出发，赶自己的路……

平原凉亭不像山里的凉亭安静舒适，这热闹繁杂多了。劳作的人多，过往的人也多，有休憩息力的，有聊天讲故事的，有卖冰棍、瓜类的，也有设游戏摊挣钱的……尤其是"春插"（春季种水稻）、"双夏"（夏收夏种）那段日子里，凉亭成了农友们休息、避雨、吃中饭、尝点心的场所，热闹非凡。亭口蓝色板箱内的冰棍三五分一根，清凉透心；游戏摊的奖品——自煎的三角糖香甜柔糯，吸引着玩耍的娃儿；卖瓜的老汉边卖瓜边讲他的《水浒传》，瓜早已卖完，可他的故事还在继续。那有声有色、扣人心弦的故事吸引着一拨又一拨的过往听众。然而，俗话说："凉亭虽好，却不是久留之处。"不错，干活的岂能误了农事，行路的还得赶程。

在集镇中心设立茶亭，并不多见，但偶尔所见，也别有风味。如余姚南梁弄古镇梁弄老街牌轩头南侧的茶亭，因地制宜，颇有特色。亭内一侧放着几只盛茶水的小斗缸，附近放着数只有柄的竹筒，供人舀茶喝水，另一侧角尺形放置两条石凳。墙上挂着草鞋、竹箬凉帽和灯笼。茶亭临街正面内墙上方的一个佛龛，供奉着三尊菩萨，以祈庇佑入亭饮茶者一路顺风。茶亭不仅冷天供热茶，热天备凉茶，而且还在酷暑天特置"刘寄奴"茶。牌轩头茶亭值茶者叫阿毛，人们都叫他茶亭阿毛。以后就有阿毛大妈专事茶亭供茶。梁弄作为姚南商贸重镇，店铺林立，是为山货集散中心。来梁弄赶集者，多为来自岭顶、岗头的山民和附近沿山而居的农民，远路的山民顶星星、踏月色，半夜挑着山货来赶梁弄早市，换回生产用具和大米等生活必需品，有的还要积攒钱去还债，因此都赶时间不敢歇息。大岚人翻羊额岭、下官人爬大岭、晓岭人登斥岭到梁弄后，便急匆匆奔到茶厂、笋行、竹木行、杂货栈将挑来的货物卖掉，然后又赶紧购物返程，不少人家里还等米下锅呢！这些跑了几十里山路、口干体乏，在梁弄又无亲无眷的山民，便会相继光顾茶亭。在石凳上稍坐片刻，茶解渴，息力养神。这时，有的人会从衣袋里掏出几个又燥又硬的"麦果"嚼起来，用茶水吞咽充饥。有的人脱掉洞穿筋断的草鞋，坦然地从墙上取下一双新的换上。偶尔遇上下雨，没带雨具的人便会拿一顶竹箬凉帽戴上赶路。亭小人多却也不甚拥挤，因为大家都很"识相"，知道前客让后客的道理，喝完茶便赶紧离开。至今山区的一些老人们说起牌轩头茶亭，仍记忆犹新。

第二节　茶亭的功德

茶亭的作用可以用以下三点来概括。

一、弘扬善举

茶亭最重要的功能是什么呢？用一句简单的话可以概括为"乡间茶亭扬善举"。

茶是物质的、自然的，又是精神的、心灵的。由此孕育的茶文化，上至达官贵族，下至庶民百姓，都会受其影响，茶可谓无处不在。宁波乡间以茶亭为载体所流行的施茶之风，则为东方文明的善举。其他不说，乡间凉亭墙壁上高挂着的成串草鞋，就是专供行人急需时免费穿用。凉亭石凳上还放置着针线、布条、绳子之类的小物件，同样是供过往行客急用的。这些解燃眉之急、雪中送炭的小举措，都是体现了良好的民风。

镇海区贵驷"憩亭茶会碑"记述了施茶的善举，碑记文字勒石于憩桥旁。那里曾是交通要道，传说因明代抗倭名将戚继光行军途中在桥边休息而得名。桥旁憩亭和浙东许多地方一样，设有茶摊，置有茶缸，盛有凉茶水，免费供给过往行人，尤其是盛夏酷暑之时，解渴消暑，为人所称道。茶缸旁设有多个装有竹柄的毛竹筒，当作茶杯，人用它从茶缸里舀茶水，直接用来解渴。

施茶场所多在埠头、村口或庙前，一般都建有茶亭，供过往行人和农民劳动时饮用，不必付钱。这种善举由施茶会负责。施茶会由地方上有名望、又热心公益的人士组成，经费开支来自茶亭地产或募捐。这类茶亭广布于乡镇。《余姚六仓志》专设《义举茶亭》篇目，可见茶亭在当时之盛行。据该篇目，当时在杭州湾南岸的余姚辖区，各种茶亭多达61个，如永恒亭、普济亭、如意亭、快哉亭等。各个茶亭都有实施义举的团体，如留香茶亭，由清代蔡德耀创设，管理茶亭地产30余亩。接云亭由当地马姓族人创设的诚意茶会维持，募得地产14亩多。

施茶之风，世代相传，深入人心。时至20世纪60年代末，许多人身处困境，仍然以茶明志，以茶扬善。东钱湖镇有位叫戴安生的老人，长期向农民送茶一时被人们传为佳话。当他70岁时，人们请甬上书法名家郑玉浦书写《戴安生先生七十寿序》，序文记述："先生出身清苦，早年失学，即从事航海事业，渡越重洋，历经世界各国，刻苦自学，能道外语，至花甲之年，归国返乡，安度晚年……一九六九年曾由国外随船来沪，受当时极左者之害，被遣送原籍，从事农业劳动。先生见农民常饮生水解渴，屡染腹疾，即毛遂自荐，愿为农民义务烧茶。于是，每日清晨，送往田间，数年不懈，村人咸美之为挑茶老头。"

二、记录民风

不少茶亭都设有石碑，记录了一段往事或佳话，成为珍贵的文化符号和历史见证。

立于河姆渡遗址旁的黄墓渡茶亭碑就是突出的例证，具有很高的文物价值。其碑立于清乾隆五十年（1785），现置于河姆渡遗址标志性建筑"双鸟异日"的巨岩旁。河姆渡古称黄墓渡，因商山四皓之一的汉黄公葬在江畔黄墓山而得名，后由谐音演绎为河姆渡。从前河姆渡口有渡船义渡，有茶亭免费供茶。如今古老茶亭仍在，渡口却无行人。

河姆渡遗址博物馆在原茶亭位置立有河姆渡早称黄墓渡考碑。

黄墓渡的故事在本书序章中已经详叙，下录"黄墓渡茶亭碑"全文。

　　昔郑侨以乘舆济人于溱洧，孟轲氏讥其小惠而独称大，舜有大者，岂有他哉？善舆人自古济渡屡多，兴修而旋即废坏者何也，盖欲济巨川非舟楫不可，已具舟楫非其（人），而欲得其人以专管，是岂易言哉？必造凉亭，筑道岸，置渡产，修渡船，然后专管者，可（资）永久，此亦不世之功也。而要非一二之力乃能奏厥功。

　　余里黄墓渡，宁郡通衢，诚要渡，熙攘攘，往来者实繁。有徒尝见有渡而无船，徒步者每致臾流而思返，或见人多而船负者，不免宵济而争舟，甚至江涛汹涌，涉大川而不利者，间或有之。余与冯子生长（兹），自为不忍坐视，爰倾己橐，各捐银五十两，以为乐善之首，以作义渡之资。然工程（非）百金可以告竣，惟愿吾郡仁人长者，四方有道君子善兴者相应，千百人有同善（之心），以仗义赠千金于一诺，或多或寡，不拘其数，务期登名记薄，以便总核焉。倘得义（赀充）足，俾凉亭道岸焕然一新，渡船渡产廓乎有容，更择同有善心者使专管，其渡虽日（千）人亦不告匮焉，即垂诸千百世，亦不敢废焉。兹渡也不唯可大，而且可以久视（功）之（厥）如哉。然以京师首善之地，多君子乐善之助，于以共襄此举，告厥成功后不（泯众）善（者）之意，而众善同归，多多益善，咸被勒石载名，以传不朽也。是为记。

　　今置茶亭渡产一坵，系唐字214号，计民田二亩六分，土名徐家河六石东掘。

　　又置焰口会产一坵，系唐字214号，计民田二亩，土名徐家河六石西掘。

　　又所有茶亭老产，田地字号、亩分另有老碑载明，故不又载。

茶亭向有柴山一爿系才字131号，土名傅子屏，因被前住和尚典押在外。

乾隆五十年（1785）孟秋月上浣吉旦

里人　潘钦臣　冯礼义　谨

该碑今存，原件由余姚相关部门保存，渡头为仿制件。碑中蕴含的文化意味，透露出淡淡的乡愁，为后人体会和铭记。

位于河姆渡遗址上的黄墓渡茶亭碑记

三、传播文化

过路的凉亭不仅能纳凉避雨、歇脚蓄力，还能品赏一些民间的"凉亭文化"。亭内的白壁上，经常可以看到过路文人用木炭写着民言、警句、谜语、诗词、对联等，供后来者欣赏、答题。有告诫为人道理的名言，如"行事莫将天理错，力神当与古人争"等；有上联"此木为柴山山出"，就有人对出下联"火因成烟夕夕多"或"白水作泉日日昌"。又如颇有特色的同偏旁连句"送迎远近通达道，进退速迟逝逝逍遥"，还有一部分品味较高的奇联趣联和物谜、字谜，很有吸引力。这种所谓的"凉亭文化"，分布很广，随处可见。在你小歇的同时，动动脑子，打开思路，颇受裨益。

鄞州区西部风吞延爽亭亭柱上一长楹联更为引人注目，上联是"百里内直通天如非惟雷山庄溪林村凤镇藉此交通看荡平大路接余上连慈水达甬江即斯岭北诸峰毕竟为桃源要塞"，下联是"万壑中有亭翼然不但雨阳寒燠风雪冰霜可以避免听多少过客谈柴米话人情论世事莫谓齐东野语实在是社会写真"。上联提及雷山即今大雷村，庄溪即今庄家溪村，在岭之西北，林村则在凰山之东。上联把余姚、慈溪、甬江连在一起，点明了这条古道位置之重要，并用"桃源要塞"为之定位。下联先述延爽亭的作用，次以过客之众日常对话引入"齐东野语"之喻，最后落脚在现实生活中。

如今的乡村，大道舒坦，油路进山，各类车辆畅通无阻，再也不用肩挑徒步。因而，昔日的古道凉亭，在平原的早已拆除，留存下来的，也"伤筋动骨、老态龙钟"。代替它的是小区公园里新颖别致的多角休闲亭，旅游景点上的长廊美亭，还有小山顶、湖心岛上的宝塔亭……，凉亭给人们的服务内容发生了质的变化[①]。

第三节　宁波各式茶亭介绍

宁波山山水水间各式茶亭星罗棋布，随处可见，难以一一列入，现选择几个有代表性的茶亭，略作介绍。

---

① 王志昌：《过路凉亭》，载阳明街道主管/阳明社区主办/阳明历史文化研究小组编：《阳明史脉》2018年12月印，第219—220页。

一、慈善成风的坎墩茶亭群

民国《镇海县志》里有这么一则故事：清乾隆年间，镇北范市有一位贡生，姓范名兆英。他年少时跟父亲上山砍柴，息肩道旁。父因干重活、挑重担，大汗淋漓，口干难熬，不禁叹道："如能造一座路亭让行人休息，备好茶水，为人解渴，我愿足矣！"这幕情，这番话语，在少年兆英的头脑中烙下了深深的印记。长大后，范兆英不忘父训，多处建造亭子置田施茶，以成父愿。

其实，在宁波地区，像兆英这样以慈善之心建造的茶亭的君子是很多的。在民风淳朴的三北（即今慈溪市境）坎墩镇一带，就有不少施茶的亭子。尽管这类亭子或叫路亭、或叫凉亭、或叫茶亭，但都绕不开施茶的核心，而且与桥梁一样，都是由乡民、族众、士绅和修善积德的善男信女集资捐助兴造的。至于施茶、修葺亭子的一应费用，也像范兆英那样以捐助的田亩之租费来开支。

乡间茶亭

坎镇的茶亭，以如意亭、圣恩亭、清心亭、永乐亭最为出名。

1. 如意亭　据传建于1845年，是由当地的胡、潘两姓捐募共建的。它位于周家路江西岸、潮塘江之南，处于水陆要道必经之路。亭东有二桥，摆布奇特，传说这里是三足蟾蜍之地。亭就建在蟾蜍背上，二桥是两前足，口对潮塘江，西江紧依凉亭后墙，转南进后桥，据相士说是风水宝地。亭有三间、八石柱、四石凳，东西通道，正中前后无石凳，有角毅然而翘。亭后有三间二楼，左有加二饮屋，木结构楼梯、楼板，楼上四面都有雕花小窗，可观四景。来往行人客商栖息于此，捧茶眺景，岂不舒心如意？亭名如意，并非浪得。

2. **圣恩亭** 1899年始建时，由西潮塘村黄姓族人出资，系草舍歇屋一间，称名草舍凉亭。以后除黄姓一族外，有其他族姓捐募资金，建起三间二楼、左右二厢屋、大檐走廊，配有八角卷挑、八石柱、四石凳、五茶柜。亭前悬挂"圣恩亭"鎏金匾，亭中直竖记事大石碑，碑上记存捐者。所谓亭名"圣恩"，大概是因当时部分群众，在科学不倡明的情况下，企求神圣施恩保护的朴素祈愿而得，所以亭内有诸如关帝菩萨、将军菩萨、三官菩萨、弥陀菩萨、土地公公等。由于圣恩亭位于潮塘江南岸，西至三灶路，东至石阶桥，北至潮塘横江，南至小板桥，处于水陆要冲，除便于四方行人和田间劳作人员饮茶歇脚外，也为过往之人避风雨、供住宿。所以，此亭也因受惠者众而名声响。

3. **清心亭** 在三姓塘跟，位于三塘北面，坐北朝南，砖木结构，三间一庑。亭内摆有茶缸。20世纪80年代后期所编的《慈溪县地名志》，对其曾有一说，"民间传有胡姓过此，忽遇大雨，无处可躲，乃祈祷，如平安抵家，于此捐建凉亭，后如愿，遂建亭，名清心"。民国《余姚六仓志》有另一说，其卷十六中"义举·茶亭"中"清心亭"条记，"清心亭在白沙乡三姓塘，清同治间杨湖清建"。虽然关于清心亭的建造者两说各不相同，但都认为属义举，这应是不会有错的。

4. **知己亭** 旧时坎镇专以施供茶水、让人聚茗坐聊而名之茶亭的，大概就数坐落在坎塘羊路头东侧的知己亭了。这在民国《余姚六仓志》卷十六"义举·凉亭"中也有记载，"知己亭在保德乡坎镇永乐庵"。永乐庵，原称永乐禅院，初建于清嘉庆八年（1803）。永乐亭者，是因知己亭位在永乐庵之第一进而起的别名。20世纪20年代，废永乐庵而兴学，茶亭也被移作校舍之用。从此就再也难见那座上茶客满、乡老谈掌故、闲客聊新闻的茶亭旧况了，往景往事遗憾地成了过眼云烟。但是，真要割断对它的记忆，倒也并不容易。

5. **小茶亭** 浒山（今慈溪市城区）旧时有一座名为"小茶亭"的小茶亭，春夏秋冬，总是有人在那儿边喝茶边聊天，不时扯出一些地方掌故来。《慈溪日报》副刊几年来一直辟有"小茶亭闲话"的专栏，经常刊发漫谈地方掌故的文字，有其读者群，它的栏目起名，可能就源于那小茶亭。当读者每从报上看到"小茶亭闲话"栏名时，脑际总会浮想到坎镇茶亭中，那有人痴迷于乡老钩沉地方掌故的场景。

诚然，作为地方茶文化慈善体现的旧时坎镇的茶亭，今已湮灭难觅，但是，历史上坎镇的"范兆英们"的"立亭置田施茶"义举和助人为乐的高尚情怀，总是让人难以忘怀①。

二、一个规模超大的茶亭——余姚五车堰茶亭

在现代交通工具没有普及的年代里，茶亭与过往群众、四邻乡民的生活息息相关。在余姚市黄家埠镇五车堰村一村民家中，至今还保留着一块茶亭禁碑，向人们讲述着昔日官道茶亭的故事；而且，这是一个规模超大的茶亭，在宁波地区，似乎还难找出第二个这么大规模的茶亭。

黄家埠镇五车堰村，作为宁波的西大门，早在宋朝时就是一个商贾贸易之所；明《万历上虞县志》是这样记载的，五车堰市在县北四十五里，是昔日南通绍兴台州地区，北达慈溪县城宁波地区，车马行驶、商客来往必经的交通要道。明朝年间，五车堰乡邑沈澄川为了开辟一处让行人遮风挡雨、路过休息和当地群众休闲的地方，出资在五车堰老街下街兴建了茶亭，同治十三年（1874）王汝川又出资对茶亭进行修建，并得到当地乡人以田作为开设茶之费用，使行人在盛夏中没有焦渴的担心。由于日积月累，风霜侵蚀材质朽坏，光绪三十一年（1905）又有在当地经商的阮德贵等人发起，共花费大洋3 907元，对茶亭及财神殿进行修缮。

茶亭大门朝东，有三进。第一进为天井，天井边立有一同治年间的禁碑，上书"茶亭内禁止摊晒敲打五谷，不许堆积什物农具以及百

---

① 王清毅：《地方茶文化的慈善体现——旧时坎墩的茶亭》，载《茶韵》2007年第8期，第64-65页。

作做工等项，如有违者罚戏一台。特此预白"，此碑至今仍在。天井边放着茶桶和善男信女编织赠送的草鞋，供过路群众免费饮茶和换草鞋。尤其是炎夏季节，路人挥汗如雨，更是疲惫不堪，此时此刻，茶亭，成了行人特别是过往客商的"天堂"。在这里，人们可以畅快地喝上几碗茶，可以在竹椅或石凳上小坐片刻，听南来北往的过客谈论十里八乡的故事和远方的新闻，茶亭又成了传播信息、让人开眼界的场所。

天井左边有一戏台，戏台面朝北，每年的农闲时节和七月半、三月半、九月半等迎神庙会期间，茶亭的天井可是热闹非凡。戏台上才子佳人卿卿我我，文臣武将打江山，台下男女老少争相看，看得妇女忘记把饭做，看得男人不肯把活干。戏台的对面有戏楼，方便有钱之人看戏所用。

走进茶亭的第二进，是财神殿，供奉的是武财神关公，当地人又称其为关帝殿，关公坐中间，周仓与关平分站两边。关公的叠背是韦驮。二进中间供奉的是弥勒佛，大肚笑哈哈的弥勒佛大肚能容，容天下难容之事，笑口常开，笑世间可笑之人。弥勒佛后面供奉的是地藏王菩萨。

茶亭的最后是禅房，在法师的禅房前，有一口放生池。当时茶亭有常住僧人，最后在茶亭主持的是梦龄法师和龄智法师。岁月变迁，昔日人来人往的茶亭经过百年的变迁，茶亭、戏台、佛像、禅房等早已经不复存在，只有残存的禁碑诉说着昔日的辉煌[1]。

三、"无我，忘我"的余姚不我亭

从前，从上虞丰惠镇到余姚城有一条官道，途经上虞谢家桥、永和市、余姚笔竹岭、蔡家堰、长丰桥、兰墅桥，然后经新西门到余姚

---

[1] 张辉：《五车堰茶亭》，载《茶韵》2009年第15期，第91页。

城。虽说是官道大路，但宽不足两米，大多是高高低低的石板路。笔竹岭还有六七里是卵石铺成的"石蛋路"。官道沿途上有许多凉亭，如谢家桥凉亭、永和市凉亭、堇竹岭凉亭、长丰桥凉亭、兰墅桥凉亭等。凉亭一般间隔四五里，长则隔六七里。

当时，从湖头庙太山茶亭到长丰桥凉亭有七八里路，中间有一座庙，因庙门朝北而叫作朝北岳殿。官道正好从庙门口经过。过往行人走到庙门口，大多放下担子，到庙里歇息，讨口水喝。庙祝便热情招呼，端井水让他们洗脸，泡斗缸茶供应。后来到庙里歇脚喝茶的人越来越多，有些逃荒要饭的难民和因病难行的叫花子甚至躺到庙门口不走了，庙宇仿佛成了凉亭。庙董们多次商量，觉得最好的解决办法就是在庙附近再造一个凉亭。可这造凉亭的资金从哪里来呢？庙董们决定向周围村庄民众募捐，同时在朝北岳殿庙门口贴出告示，向过往行人募集赞助。可惜这一带连年干旱，粮食歉收。大家连吃饭活命都困难，哪有钱捐出来造凉亭呢？

大半年过去，已近农历年关，几个村庄负责募捐的热心人都到朝北岳殿汇缴所募钱款。但是汇集的款实在是太少，庙祝双眉紧蹙，管事人也个个唉声叹气。这时从上虞方向来了一乘小轿，行至庙门口停下，从轿里走出一位先生模样的士绅。此人步履稳健，举止文雅。进得庙门，双手抱拳向庙祝说："打扰了，讨口水喝。"两个轿夫自到井台上打水洗脸。庙祝筛上三碗热茶后，又与几个缴款人摇头叹气去了。这位先生端起茶碗，坐到长凳上，口慢慢地呷茶，眼睛看着贴在门厢墙上的"告示"，耳朵听着庙祝等人的谈话，心中已明白了几分。临走前，他谢过庙祝施茶，然后对庙祝等人说："你们这里要建造一个凉亭，这是好事"，略做沉思后又接着说，"正好我今天收得些钱来，为造凉亭我愿助一臂之力。"边说边从随身的钱褡里取出两封用红纸包好的银钱递与庙祝。庙祝等人顿时傻了眼，连连问这财神爷尊姓大名，府第何方？说日后凉亭造好，定要将名字刻碑纪念，留传后世。这位先生微微一笑说："我钱既捐出，已非我钱，钱既归大众，我又何须留名？为了众人方便，但愿凉亭早日动工。"说完，上轿朝余姚城方向去了。

钱有了，几个管事的热心人立即采办材料，请来工匠即刻动工兴建凉亭。在朝北岳殿大门口往东二三十米处，分南北两排立起了八根大方石柱，每根石柱子粗有一尺见方、高过丈五。虽说是凉亭，却也宫斗抬梁，青瓦砖缠。架于石柱间的横梁下承托有很宽的护梁，南北两侧护梁下方的石柱之间有六根又宽又厚的长条石凳。由于材料考究，工匠得力，竣工之日，周围村庄的民众与过往行人都说这凉亭造得好，同时对那位出重金资助建造凉亭又不留姓名的行善之人更是交口称赞。常言道"修桥铺路造凉亭，行善积德修来生。"而这位先生模样的财主，捐钱不留名，行善不图报，此乃真善，善莫大焉！一时在余姚西门内外传为佳话。

据传，清朝后期余姚有位姓朱的翰林那时正好告假回乡，听闻此事，甚感此公可敬可表，此事当褒当扬，逐择日出新西门，青衣小帽，亲自到朝北岳殿凉亭察访。没过几天，便派人送来一块匾额，长逾四尺，宽足二尺，上书"不我亭"三个镏金大字，遒劲挺拔，隽永灵秀。此匾额挂在凉亭正中北厢朝南的护梁上，匾上无题者落款。但凡见过此匾额者无不为匾上"不我亭"的书法功力而赞叹称奇。然而这凉亭为何称作"不我亭"？却很少有人讲得明白。不少人去请教朝北岳殿的庙祝，但庙祝也说不出个所以然。不过庙祝记得那个捐钱的先生临走时说过的一句话，"我钱既捐出，已非我钱……"这"非我"与"不我"会不会有点关系？大家若有所悟。

题匾人是余姚的文人，自幼受到严子陵、王阳明、朱舜水、黄梨洲等先贤哲人的影响，题"不我亭"匾，大约意在褒扬"无我，忘我，去我，不我"，种德施慧为他人，推崇"慈善心肠，繁衍生机"的古代理念，弘扬众人都有仁慈之心，人类才能生生不息、代代相传的优良传统。

现在不我亭已经消失了，朝北岳殿庙宇也不在了，不我亭与岳殿庙宇的旧址在20世纪80年代改地造田时已被改造成农田。现在不我亭旧址南面30多米处，有一条10多米宽的交通大道——谭家岭西路从这里通过，宽阔平整的柏油路直通上虞丰惠，连接了全国的路网。这里的人们早已由温饱奔入了小康，昔日的"不我亭"匾已经成为历史的记忆，但不我亭的故事仍在当地流传着[①]。

四、人气兴旺的梁弄三溪口茶亭

余姚县城至梁弄，在修公路通汽车之前，有一条通道是出余姚新西门往南，经俞家桥（或出南门过最良桥）、菖蒲塘、三溪口到冯村，再上青贤岭、翻过赵宦岭到下坞，然后再到梁弄。抗日战争时期，梁弄是新四军浙东游击纵队司令部所在地，是全国19个革命根据地之一。当时有部分粮食、棉花、盐和药品等重要物资就是经这条通道运到梁弄根据地的。

这条道路并不宽，且高低曲折，但沿途有许多凉亭。如俞家桥凉亭、菖蒲塘凉亭、井城头凉亭、三溪口茶亭、黑龙王庙凉亭、青贤岭凉亭、赵宦岭凉亭等，而且常年都有茶水施舍供应。这些凉亭大都与庙、寺、庵毗连，与寺庙毗邻的凉亭，其茶水供应都由寺庙负责。有几个不靠近庵庙寺院的凉亭，在凉亭建造时一般在旁边附建两间小屋，由附近村庄的宗族里推荐无房族人去居住，房租免交，但须负责每天过往行人的茶水供应。

沿途各个凉亭都有茶水供应，但都称之为凉亭，唯独三溪口的叫做茶亭，这是为什么呢？其实并不奇怪。因为"三溪口"是三条溪流交汇之地，三条溪流两岸及上游有许多村庄，这些村庄小则几十户，大则上百至几百户。因此三溪口又是人们进山出山的人流交会之地。再加上梁弄和青贤岭西的上虞人，每天经过三溪口茶亭的人三五成群，

---

① 金曙：《不我亭》，载《茶韵》2010年第4期，第84—85页。

在茶亭歇脚喝茶的人终日不断。在沿途的所有凉亭当中，三溪口茶亭是人气最旺，每天喝茶人数最多的一个。

农闲时节，附近村里的人们也捧着茶碗到凉亭聊天、打听世事消息，很有点像城里的茶坊。在凉亭喝茶的除了行色匆匆的过路人外，还有不少周围村里的老人。供应茶水的主人十分忙碌，没有时间再从事其他的生产劳动。为了自己的生活和行人的需要，他在供应茶水的同时兼卖些火柴、卷烟、香糕、麻花、五香豆、花生米之类的东西，很受大家欢迎。凡到三溪口凉亭喝茶的，茶水免费，其他茶食，如瓜子花生和烟酒等都得花钱，但价格相对便宜。这样生意越做越红火，越做越活，喝茶买东西的客人越来越多，三溪口茶亭的名气也越来越大。不知什么时候，茶亭旁边冒出了一个铁匠铺，山里人用的柴刀、山锄、笋撬等可以定制或以旧返新，叮叮当当的打铁声整天在山谷回响。接着又冒出了一家剃头店，后来又有了烧饼摊。供茶水的扩建了两间房屋，还增加了生活百货供应。那时的茶亭简直成了小集市。人们到三溪口办事或者走亲戚都说是"到茶亭里去"。一段时间，"茶亭"简直成了"三溪口"的代名词。

三溪口是一块溪流冲积而成的平地，比较开阔。茶亭四周都是一片连着一片的竹林和茶园，山清水秀，风景宜人。人们都喜欢到这里来建房安家。新中国成立后，三溪口的住户不断增加。20世纪70年代初，在三溪口茶亭南约二华里的山口修建相家弄水库大坝，当时大部分移民也在这里安置落户。如今三溪口已成为一个较大的居民聚居点，有超市、饭店、学校……一幢幢别墅式的民宅散落在溪边和竹林之中。

现在，三溪口茶亭早已不在了。向家弄水库建成蓄水后，原来到梁弄去的那条山路也不通了。然而方圆一二十里内的人们，还都知道茶亭这个地名和所在的地方。上年纪的老人们还时常谈论起那些茶亭往事[1]。

---

① 陈金柱：《去梁弄路上的茶亭往事》，载《茶韵》2011年第2期，第91—92页。

五、功德昭昭的梁弄甘泉畈茶亭

梁弄作为文化名镇，山好水好茶好，致使茶风茶俗厚积。很久之前，梁弄就建有茶会，这是有专人负责的自发社会组织，由发起人牵头，大家捐山捐田，以田、山的收益作为茶会的资金。热天，有老人在茶亭义务烧茶，免费供过往行人饮用，还布施草鞋、凉帽、灯笼。茶亭即凉亭，凉亭茶亭互称，没有严格界限，梁弄周边多有茶亭。

昔日山民出售山货，换回生产、生活用品，都是靠双脚走，扁担挑。过着"出门三条岭，饭包挂头颈；上磨肩胛，下磨脚底"的艰苦生活。于是民间便有一些乐善好施之人在重要通道修建茶亭，免费供应茶水。在四明山腹地梁弄曾有众多茶亭，位于道士山下的甘泉畈茶亭便是其中普通的一座。

甘泉畈不仅是梁弄集镇至浙东红村横坎头的必经之地，更是以前通往嵊县、鄞县、上虞、奉化、余姚五县的重要通道，一年四季行人往来不绝。据说很久以前这里曾经有一个茶亭，名为普济亭，咸丰四年（1854）由邑人黄志钢等众多善男信女捐田、捐资。因位于甘泉畈的上岳殿左边，故甘泉畈茶亭又名上岳殿茶亭。茶亭东西两侧15米处各有一口水井，水质清冽、甘甜。世传甘泉畈村因此而得名。

甘泉畈茶亭大门朝东，共有5间，每间宽约3.2米，深约7米，5柱落地。前半间为抬梁，5个廊柱下部2.5米处为石头方柱，上部为木头。石柱刻有楹联、捐助者姓名。南北两边间及中间三间后屋为值茶者（即茶亭负责烧茶及管理者）一家住房。中间三间为茶亭，有二排石凳，供行人休息。靠后墙有砖头砌成高约0.8米的一个茶台，上面尖竹管筒供人用来喝茶。墙上挂着一些好心人善捐的凉帽、草鞋，需放置两只箩头缸，即用来泡茶的茶缸。旁边放着几只装有竹柄的竹管，竹管的口削尖便于舀茶入口，需要时行人可随意取用。与众不同的是亭内石柱脚边还放着一只石捣臼，捣臼内火种长年不断，供吸老烟的行人方便点火。冬天还可为来往客人取暖。茶亭中间后墙内嵌竖着四块茶亭记事的石碑。碑高1.94米，宽0.67米。其中块碑额刻有正楷大字"上岳殿·新纠茶会碑记"，正文竖书共589字。茶亭为古时社会公益事业，甘泉畈茶会拥有众人的捐田16.08亩，除部分由值茶者种收外，均出租收息，以供茶亭使用。茶亭则保证供应"春冬热茶，夏秋凉饮"。茶亭订立了严格的管理制度，"以垂久远可也"。

立于甘泉畈茶亭边的
早期上岳殿新纠茶会碑

茶亭一年所需茶叶一部分由附近沿山的茶农自愿送来，但极大部分却来自茶乡大岚山。余姚大岚柿林、鄞县的李家坑有几家茶业大户，在甘泉畈附近占有大片田地，单在甘泉畈就有收租庄屋楼房9间。平时出入茶亭的大岚人为数众多。每逢正月，茶亭值茶者都会以"上岳殿茶亭"之名去大岚"拜岁"，届时茶农纷纷拿出茶叶、年糕等作为回礼，让值茶者挑着担子满载而归。春茶采摘后，值茶者又会去大岚"化茶"，收足全年茶亭泡茶用的茶叶。

根据一些老人回忆，甘泉畈茶亭不管白天黑夜，均是人来人往，很是热闹。有嵊县人挑着白油（柏子油）、白布、榨面去余姚镇；有上虞下官人挑着栗子、花生到梁弄、余姚出售；有四明山、大岚人挑着茶叶、芋艿出市；有奉化、嵊县人赶着黄牛去牛市场交易；也有海边人挑着咸鲞上山去叫卖。日子一长，茶亭附近便陆续开了一些小店，如油车店、蛋糕店、豆腐店、蜡烛店、南货店、咸鲞鲝店、皮匠店等店铺。逐渐形成了一条长约100米，宽约2米的一截"小街"，周边也聚居了十多户人家。村因茶亭而名，便称为茶亭自然村，一直沿袭至今。

甘泉畈茶亭在红色历史上还留有重要一笔。近旁的上岳殿因曾为

"浙东鲁迅学院"旧址而令世人瞩目。至今正殿前天井右侧立着一块"全国重点文物保护单位"的石碑。1944年7月，中共浙东区委员会根据三北文教会议精神，在陆埠杜徐开办了"浙东鲁迅学院"。1944年9月，鲁迅学院迁至梁弄甘泉畈，曾与鲁迅一起在文艺战线上战斗多年的黄源任院长，楼适夷任副院长。当时条件差，学员睡的是垫着稻草的统铺，点的是蜡烛或菜油灯。几位首长则住在茶亭附近几户农民家里，门板一搭便是一张床，生活相当艰苦。学员们边学习边实践，经常到农村作调查研究，做民运工作，宣传、演出文艺节目，深受群众欢迎。

鲁迅学院共招收三期学员，为浙东各地党政机关培养了七百余名干部。茶亭是学员课余经常光顾的地方，他们有时坐在石凳上谈心看书，有时帮茶亭婆婆烧茶、扫地，有时一边向婆婆学打草鞋，一边宣传革命道理。每逢学院有文艺演出，首长都会邀请茶亭附近百姓去观看。鱼水之情，令人难忘。

甘泉畈茶亭由于其特殊的位置和经历而深深地烙上了红色的印记。自从四明山有党组织活动以来，甘泉畈茶亭一直是党的地下交通员、游击队员传递情报、交流信息的场所。口渴了就在这里喝上一口茶，鞋破了就拿一双草鞋换上，突然下雨了便从茶亭墙壁上取一顶凉帽戴上，冬天寒冷时便在石捣臼上烘烘手。平时这里也成了人们躲雨歇脚、谈论时局的重要场所。许多人都知道茶亭里黄瑞陞老伯夫妻二人是好人，黄瑞陞是甘泉畈茶亭最后的一位值茶者，他去世后便由其妻子瑞陞婆婆接任，直至解放。瑞陞伯夫妻为人诚恳厚道，干活勤快，春夏秋冬供茶及时充足，行人有难处时乐于帮助，深受人们敬重。早年中共梁弄区委书记李华和张卓君就曾住在瑞陞婆婆家里，情同母女。因为茶亭附近老百姓相信和支持共产党，群众基础好，时任政工队四区队队长的朱之光也经常来茶亭。有时晚上住宿在瑞陞婆婆对面褚老元家里，看到瑞陞婆婆的儿子黄志先机智灵活，几次叫他送信都完成得很好，因此非常欢喜他。黄志先17岁那年，瑞陞婆婆毅然送他参加了革命，担任朱之光的警卫员，三五支队北撤后，仍坚持战斗在四明山上。浙东区党委、浙东行政公署、浙东游击纵队司令部设在梁弄期间，党政军领导、游击队员穿梭往来于甘泉畈茶亭。鲁迅学院在上岳殿时，慈溪籍的女学员翁郁文参加第二期的学习，因表现突出，经黄源院长介绍入了党，并留校担任女生二队队长。1995年全国人大常委会委员长乔石的夫人、时任全国政协委员的翁郁文来梁弄视察，她重访旧时的战地，座谈中曾问及："甘泉畈茶亭还在吗？"由此可见甘泉畈茶亭影响之大。

六、坚持四十年的奉化棠云茶亭

奉化区棠云茶亭设在当地村民进出山门必经之地萧王庙街道原溪下村庙下桥畔。在一棵香樟树掩映下的两间小屋窗户下，摆放着许多水缸和柴火。小屋朝路开了一扇窗户，上方写有"棠云茶亭"四个大字，屋里靠窗放着茶桶，用杯舀水伸手可及。茶亭一般是每年端午后开张，有时挖毛笋季节比较热，茶亭会提前在4月上旬开张。

说起这个免费供水的茶亭的建立，还是很多年前的事了。1975年，叶落归根的上海退休工人江善林老人，在庙下桥旁开起了棠云茶亭，义务烧开水免费为路人供应凉茶。每天清晨老人到远处拉来清泉，烧开后倒入茶缸，等到过路人来饮用时，开水已凉，既清凉又解渴，很受路人欢迎。

附近的村民被老人的这种精神所感动，村里的许多老人也志愿加入这个队伍中来。从每年端午开始，一直烧到重阳天气转凉为止。每天从清晨5点到黄昏关门，风雨无阻地日日坚持，至2015年已有40个年头。

40年来先后有160多位老人为棠云茶亭实施爱心接力。1981年秋天，做了七年好事的江善林老人因病去世。棠云供销社的退休职工江圣祥随即接手操持茶亭。江圣祥老人去世后，茶亭由热心公益事业的溪下村村民袁通义接管。

茶亭主管员一位接一位，义务烧水的老人也越来越多。70岁的袁通义老人曾说，茶亭烧水都是轮流的，有一年轮到义务劳动的是上汪、东江、溪下、下汪4个自然村的袁月英、江定心、江苏娣等10位老婆婆，她们当中年龄最大的已经78岁，最小的也有66岁了。她们两人一组，每两天换一班，轮到值班的老婆婆，每天清晨4点半就要到茶亭"上班"了，一天要烧500千克水，夏天的时候烧得还要更多。

老人们说，她们来这里烧水可以发挥余热，而且还有来此喝水的路人陪她们聊天，不比待在家里差。在茶亭工作达15年的袁月英老人，每次轮到她值班她总是特别开心。尽管烧水的工作很辛苦，但愿意到这里来义务工作的老人却越来越多，夏岳琴老人就等了整整五年才轮到她值班。而溪下村的江定心老人已干了15年仍不肯歇手，她说，自己身子还硬朗，只要有可能，就愿意为乡亲们多服务几年。

据悉，从1975年茶亭开办以来，已有167位老人先后来到茶亭义务烧过茶水。至2014年，他们当中有10位已去世了，但他们的名字在山民中传颂，人们都记得清清楚楚。

棠云茶亭在受人赞扬的同时，也得到了各方的关心和支持。据袁通义老人计算，茶亭每年要烧掉2 500千克柴草，加上添置各种用具，大概要花费上千元，而这些钱多数都是当地热心公益事业的私企老板捐助的，另有一部分是受益的路人捐助的。多年来，茶亭专门备有十滴水、六月霜、天金花、金银花等清凉解毒的中草药。有位老太太回棠云路过茶亭时，从口袋中掏出100元钱，执意要烧水的婆婆代为茶亭买些柴火。

真是"小小茶亭献爱心，弘扬公德受人敬"，为棠云茶亭做出贡献的一代一代老人们，是多么可敬可爱啊[1]！

---

[1] 丁一、燕青：《文明见证话茶亭》，载《茶韵》2005年9月刊，第68—69页。

七、绵延三百年的宁海前童茶摊

自古以来，宁波大地上不仅有众多茶亭、凉亭，在行人来往的路边还设有茶摊，其作用与茶亭相似，有名的要数前童古镇的茶摊，至今仍佳话频传。

前童位于宁海县城14千米处，是浙东地区至今保存完整、最具有儒家文化古韵的小镇，始建于宋末，盛于明清。镇上"爱心茶"茶摊的缕缕清香从清代开始穿过漫长的岁月延绵至今，当今的主人童松达老人与家人每天一早就起来忙碌，灶台上噼里啪啦地煮沸了一大锅水，加上陈皮、甘草、乌梅、薄荷汁、山楂……接着，童松达与他儿媳胡亚丽将挑选好的多味药材混合着冰糖倒入沸水，沁甜的气息在屋内升腾起来，一锅解暑的酸梅汤很快出锅。放凉后，童家人捎上简易方桌和纸杯，用电动三轮车载着出发了。

这家茶摊，冬烧红枣姜茶，夏烧酸梅解暑汤，免费提供给过路行人，这一善举已经延续了十代300余年。据《塔山童氏族谱》记载，清代的童维泰（1771—1845）已是烧茶的第四代，"过客久怅望梅。公（童维泰）独创办什器烧茶，以解人渴"。如今的第十代童松达，年逾八旬。据老人回忆，在清末光绪年间，第七代祖上童邦标烧茶送水至老不辍，乐于为善，他的临终遗言就是"烹茶以济行人"。随着时代的发展，在大路上的茶摊已经退出了历史舞台。如今，童松达一家人大多在家门口附近或前童古镇景区向游客赠送茶水。

"童家十代烧茶，不能到我们这里断了。乐善好施是我们童家人的传统，也是我对祖上的承诺。"近年，由于身体原因，童松达老人把"烹茶以济行人"的善举交到了儿媳妇胡亚丽手里。孙女、曾孙女也都耳濡目染，表示要将祖上这一善举代代传承下去。

在前童古镇，喝过童家酸梅汤的人都赞不绝口：芳香醒脾，清凉解渴，这好味道喝了就忘不了。"我们的酸梅汤除了乌梅、山楂、陈皮、桂花、甘草等配料，还加上了洛神花、佩兰等中药，香得很。"说起这酸梅汤背后的故事，童松达很自豪，他还忘不了旧时送茶路上乡里乡亲不时捐赠茶钿的故事，如今又得到四面八方的支持，成了童家人送茶的动力。

2019年宁海一户朱姓人家听说童家送茶做好事，便将祖传的凉茶配方郑重地交到童松达手上。"很多人曾向朱家人买配方，都被拒绝了，却免费给了我们。"童松达当时只有一个念头，好好熬茶，将童家"烹茶以济行人"的传统一直坚持下去。

童家按照新配方去配材料，其中有几味药镇上配不到，童家新一辈的童晓娜就跑到宁海城区的药店买，听到童家的故事后，中药师算低了价格，相当于半卖半送。还有一个姓潘的村民得知后，便在自家田里种洛神花，收集好花朵，晒干后给童松达送来。

在诚信义举的感染下，前童古镇为童家茶摊设置专门的摊位，古镇还有一批志愿者送水，让"爱心茶摊"的善意传递得更远。

2020年9月20日，爱心茶摊的主人童松达在杭州获得"最美诚信浙江人"的称号，前童镇这家免费爱心茶摊成为"网红"，同年，新华社、中央电视台、《光明日报》、人民网等中央媒体纷纷报道赞扬，茶摊美名扬四方。

如今交通发达，航空、高铁、高速公路各种交通工具，遍布祖国大地，乡乡通公路、村村通公路已经成为现实。作为历代老百姓喜闻乐见的茶亭渐渐退出了历史舞台，除了个别山区、乡间的小道还残存着茶亭外，使用现代化交通工具似乎已经用不到茶亭了。但是，茶亭所具有的休憩息力、弘扬善意、传播文化的功能还是需要的。实际上，高速公路的服务站就是现代化的茶亭，旅客们到服务站休息、倒水，都是免费的，而品尝小吃、进餐则是收费的。这个收费原则就与旧时的茶亭是一样的。人们在服务区还能了解到当地的风土人情，品尝到当地的特色小吃，购买到土特产，这不也与茶亭传播文化的功能一致吗？所以我们说高速公路的服务站就是当代的茶亭，这是非常准确的。

第五章 ◎ 茶文：文采风流 载歌载舞

博大精深的茶文化，必然会在文学艺术范畴里得到体现，文学、音乐、美术、摄影、书法、戏剧、舞蹈、曲艺、电影、电视剧、民间文艺，文学艺术的各个种类都会涉及茶事。以下从茶谚、茶歌、茶传说三方面来介绍与宁波有关的文化现象。

第一节　茶　　谚

所谓谚语，2009年版《辞海》有这样的定义，"熟语的一种，流传于民间的简练通俗而寓意丰富深刻的语句，大多反映人民生活和生产的经验"。流传在宁波的茶谚按内容分，可分为茶性茶俗、饮茶品茶、培植采茶三类，前两类反映人们日常生活习俗，第三类则是生产经验的概括和总结。

一、茶性茶俗

宁可一日不食，不可一日无茶。
开门七件事，柴米油盐酱醋茶。
一碗苦，二碗补，三碗洗洗嘴。
时新茶叶陈年酒。
高山有好水，好水配好茶。

茶叶退板（不好），不如喝清汤；老公退板，不如做孤孀。

二、饮茶品茶

头汁苦，二汁补，三汁倒马路（指沏茶）。

男酒女茶，男借（左）女顺（右）。

热饭冷茶淘，爹做郎中医勿好。

天发早红霞，天水好炖茶；天发晚红霞，晒煞老南瓜。

过时日历，泡过茶叶。

头茶苦，二茶补，三茶四茶解罪过。

饭后一杯茶，老来眼不花。

春茶苦，夏茶涩，要好喝，秋白露。

一汁苦，二汁补，三汁揎大肚[①]。

三、培植采茶

平地有好花，高山有好茶。

春茶留一芽，夏茶发一把。

头茶荒，二茶光。

茶叶本是时辰草，前三日早，正三日宝，后三日草。

阳山油茶，阴山竹；低山水果，高山茶。

茶地不挖，茶芽不发。

早采茶是宝，迟采茶变草。

谷雨谷雨，采茶对雨。

头茶不采，二茶不发。

土厚种桑，土酸种茶。

---

① 《江东区志》，第1089页（版本待查）。

高山云雾出名茶。

茶树不怕采，只要肥料足。

根底肥，芽上催。

若要茶树好，铺草不可少。

秋冬茶园挖得深，胜过拿锄挖黄金。

清明时节近，采茶忙又勤。

立夏茶，夜夜老；小满过后茶变草。

一担春茶百担肥。

采 茶

四、新编茶谚

以上大多是历代传下来的茶谚，当代还有一些新流传与茶业有关的话，有的还有出处。以下选刊若干。

（一）说茶

1. 如果你发冷，茶会使你温暖；如果你发热，茶会使你凉快；如果你抑郁，茶会使你欢快；如果你激动，茶会使你平静（英国前首相格拉德斯通）。

2. 美丽茶园，快乐茶业，幸福茶农，健康茶人。

3. 茶业：喝的是健康，饮的是艺术，品的是文化，做的是产业。

4. 三个梦想是：让种茶的人脱贫致富，让爱茶的人喝上好茶，让卖茶的人又赚钱又好玩。

（二）饮茶

1. 茶，21世纪饮料之王。

2. 茶，是电视、电脑、手机、原子时代的饮料。

3. 有好茶喝，会喝好茶，是一种"清福"。不过要享受这"清福"，首先就须有工夫，其次是练习出来的特别的感觉（鲁迅）。

4. 品茶六要素：茶、水、器、心、境、艺。你的心情，决定茶的味道。

5. 喝茶的男人不会变坏，喝茶的女人更可爱。

6. 茶，让女人更漂亮，男人更强壮；长者更年轻，少儿更聪明。

7. 茶是东方人的文明茶，西方人的时尚茶；日本人的瘦身茶，韩国人的美容茶；边疆人的生命茶，都市人的健康茶。

8. 三增三抗，三消三降（增力、增智、增美；抗辐射、抗衰老、抗癌症；消炎、消臭、消毒；降血压、降血糖、降血脂）。

9. 早茶一盅，一天威风；午茶一盅，劳动轻松；晚茶一盅，提神去痛；一天三盅，雷打不动。

10. 茶，是您的守护神，是身体的过滤器，体内的清洁剂，静脉的助推器，脂肪的燃烧器。

11. 好茶、好水、好心情，品山、品水、品文化。

12. 不抽烟，少喝酒，多喝（饮）茶，喝（品）好茶。

13. 酒文化，浓浓烈烈，难以承受；烟文化，醉生梦死，难以持久；茶文化，平平淡淡，平淡是真。

14. 万丈红尘三杯酒，千秋大业一壶茶。

15. 一年茶，三年药，七年宝（白茶）。

16. 茶与儒通，通在"中庸之道"；茶与佛通，通在"茶禅一味"；茶与道通，通在"道法自然"。

（三）种茶

1. 深挖沟、广积肥、多栽苗。

2. 岩缝里的土，骨头上的肉（岩石缝里的土壤长好茶）。

3. 七挖金，八挖银，九冬十月了人情（不同季节深耕茶园的不同效果）。

4. 茶树生长要求：喜温畏寒、喜湿恶水、喜酸厌钙、喜山嫌平[①]。

---

① 包小村：《茶叶300句》，中国文化出版社2013年版。

第二节 茶　歌

　　三月鹧鸪满山游，四月江水到处流，采茶姑娘茶山走，
茶歌飞上白云头……

　　每当春暖花开、绿草茵茵的时刻，宁波三江两岸、四明山区，漫山遍野的茶园里，采茶女都会放声唱茶歌，一方唱来四方应：

　　走进茶山歌不断，好像江边黑石头，撞了多少大风浪，
碰了多少大船头，会了多少好朋友！

　　为什么要唱山歌呢？山歌对此做了回答：

　　采茶姑娘不唱歌，闷在心里不好过，做茶小伙不唱歌，
留着精神做什么？唱唱山歌多快活！

　　多么实在、多么准确的回答！

　　从以上茶歌可以看出，茶歌为民歌、山歌的一部分，既来源于生活，又从生活中积淀成深厚的文化。而在革命战争年代，茶歌还表达了茶区百姓对革命武装、人民子弟兵的热爱之情，如《四明山革命歌谣集》中有一首《采茶》。

　　一树茶叶千个芽，一个嫩芽三个叉，姑娘采茶为了啥，

送给"三纵"喝新茶。

"三纵"是四明山游击队的番号。更有一首脱胎于井冈山茶歌的四明《请茶歌》，表现了四明山区人民对革命战士的深厚感情。

哎，革命的同志哥，请你喝杯四明茶，请你喝杯四明茶。四明山上的茶叶细又香，当年茶农撒下籽，游击队员帮浇秧。茶树种在名山上，云里生来雾里长。喝杯革命故乡茶，走遍天下嘴还香，走遍天下嘴还香。

哎，革命的同志哥，请你喝杯四明茶，请你喝杯四明茶。四明山上的流水清又清，当年山民开山渠，游击队员砌堤埂。万古千秋长流水，地下喷来天上降。喝杯四明清凉水，革命意志永坚强，革命意志永坚强。

当然，茶歌不仅仅是抒发革命情怀的，还有说古道今、传播知识的作用，如流传在奉化的《十杯茶》，就是将历史知识巧妙地放进歌曲里，唱歌就像读历史教科书一样。

第一杯茶青果香，擂鼓三通斩蔡阳，刘备张飞关云长，军师要算诸葛亮。

第二杯茶凑成双，凤凰落在梧桐上，姜太公八十遇文王，梁山好汉算宋江。

第三杯茶桃花红，马超出关逞威风，千军万马赵子龙，三请诸葛借东风。

第四杯茶泡得清，日断阳来夜断阴，清官要算包文拯，断得天下都太平。

第五杯茶石榴青，武松杀死西门庆，曾头市枪马史文恭，正本要算玉蜻蜓。

第六杯茶共三双，康王躺在泥马上。金兀术谋反追康王，浙江女子尽封王。

第七杯茶吃逍遥，七十二洞百丈高，蔡状元造洛阳桥，银子要管千万吊。

第八杯茶杯杯好，李元霸他呵呵笑，英雄小将李元霸，要想天下命丧掉。

第九杯茶九连环，朱元龙造寺五台山，五台山上多辛苦，玉皇大帝下凡抄缘簿。

第十杯茶唱完成，各位诸公你来听，奸臣要算秦桧贼，岳老爷绞死风波亭。

当然，在宁波，影响最大、最深入人心的茶歌莫过于宁波北仑籍作曲家周大风（1923—2015）的《采茶舞曲》了。在此做较详细的介绍。

溪水清清溪水长，溪水两岸好呀么好风光。哥哥呀你上畈下畈勤插秧，妹妹呀东山西山采茶忙。插秧插得喜洋洋，采茶采得心花放，插的秧来匀又快呀，采的茶来满山香。你追我赶不怕累呀，敢与老天争春光，争呀么争春光。

…………

2016年9月G20杭州峰会的文艺晚会上，这首具有浙江特色的民歌《采茶舞曲》，受到了与会的20国领导人与亿万电视观众的热烈欢迎。同年国庆期间，这首浙江民歌一次次在苏堤边上的"印象西湖"天然剧场上响起，让观众不饮而醉。这首民歌的作者是浙江音乐家协会名誉主席、音乐家周大风。

周大风1923年7月出生在上海闸北区，父亲是一位小学老师，出生不足一个月就随父母回到了原籍所在地，即今宁波市北仑区大碶街道后洋村的周家。他从小就有音乐天赋，特别爱听"四明南词"的丝竹演奏，曲调文静幽雅、优美动听。他还制作了一把简单的二胡常自拉自唱。

1936年8月，周大风随父母再赴上海，进入道一商科职业中学读书。"七七事变"爆发后，曾一度返回北仑，参加了家乡的抗日救亡运动。1939年春节前，他在报纸上看到一则征稿启事：国际反侵略运动大会总会在全世界范围内征集总会会歌。他兴奋极了，立即酝酿应征，口中念念有词，连夜奋笔疾书，一宿未眠。第二天早上他的作品就诞生了，取名为《国际反侵略进行曲》。很快主办单位告知，作品获得国际反侵略运动大会总会颁发的四等奖（前三等奖被美国、英国、苏联的作者获得），后被定为国际反侵略运动大会总会会歌。他从一位新闻记者那里了解到，是蔡元培向国际反侵略协会推荐了他的歌，蔡元培称赞该曲"全球同声，为国争光"。当时的周大风年仅17岁。

这次创作的成功，让周大风的创作信心更足了。接着，他从现实生活出发，陆续创作了歌曲《白米谣》《孤岛艺术家之歌》《堡垒进行曲》《黄公度军中歌》《黎明之歌》《青年战歌》《妇女战歌》《伟大中国歌》《守住生命园地》等许多抗战歌曲，还有《破房子》《明日就是春天》《涨价也有歌》等十几首揭露国民党反动派罪行的歌曲。

1949年5月宁波解放。当年年底，受中共宁波地委书记陈伟达的委托，周大风着手筹备"宁波地委青年文工团"。第二年年初他被任命为宁波地委文工团团长。1952年5月周大风调往杭州，担任浙江省文工团干事兼乐队队长。

浙江省文工团后更名为"浙江省歌剧团"，周大风又转到了"浙江省越剧团"，其间，他主要从事越剧男女合演现代剧音乐创作，并开始研究民族音乐。1954年，他担任了浙江省音乐家协会筹备委员。1957年成立"浙江越剧二团"，他被任命为艺术室主任，一边从事越剧男女合演现代剧的创作，一边继续研究民族音乐和全国地方戏曲及曲艺的音乐，整整奋斗了14个年头。其间，他为《五姑娘》《金鹰》《两兄弟》《风雪摆渡》《春到草原》《江姐》《血榜记》《斗诗亭》等男女合演越剧现代戏作曲。此外，又为电影《孙悟空三打白骨精》（绍剧）、电影《燕窝岛》（评弹）作曲，还为甬剧、姚剧、婺剧、话剧和广播剧以及十几种曲艺谱曲，撰写了《越剧曲调介绍》《浙江地方戏曲音乐选》《越剧新基调的创作》《越剧唱法研究》等著作，并由中国唱片社出版戏剧唱片26张，其中有3张唱片行销国外，销售量在80万张以上。

《采茶舞曲》是一首旋律优美、歌词动听的浙江民歌，是周大风一生的最成功之作。1957年初，周大风到浙江省文联副主席、中国作家协会浙江分会名誉主席、女作家陈学昭家做客。交谈中陈学昭说："最近，我陪周总理去过梅家坞，总理对龙井茶大加赞赏，并说'杭州山好、水好、茶好、风景好，就是缺少一支脍炙人口的歌曲来赞美'。"周大风听后把总理的期待铭记在心，准备到茶园体验生活，创作一首与茶有关的歌曲。

1958年5月，周大风随浙江越剧二团50多人奔赴温州泰顺山区巡回演出，住在东溪乡大队部的办公楼里。泰顺盛产茶叶，在演出之余，他常与当地村民一道上山采茶。云雾缥缈的山峦、泉水叮咚的溪流以及欢声笑语的采茶人，一派独特迷人的江南风光，他很快被深深吸引。他想，这里山清水秀，民风淳朴，是否能通过戏曲的形式来反映山区群众的生活？5月11日晚，他通宵未眠，在房间里一气呵成写出了描绘采茶劳动的《采茶舞曲》。乐曲采用了越剧音调，融进滩簧叠板"多上一下"的曲式，又吸收了浙东民间器乐曲"四则"的音调作引子，并采用有江南丝竹风格的多声部伴奏，他觉得这种形式易于被群众接受。第二天，他到东溪小学，让该小学的学生学唱《采茶舞曲》。没想到，一节课下来，小学生们就会唱这首歌了。有的学生还随着欢快的节奏开始手舞足蹈，模拟采茶动作，甚至边唱边跳，舞到校门外的茶蓬中去……《采茶舞曲》创作完成后，周大风一鼓作气，只用了3天时间就创作了9场大型越剧《雨前曲》，《采茶舞曲》就成为该剧的主题曲。

巡演结束回杭后，剧团即排练大型越剧《雨前曲》。1958年6月赴上海首次公演，获得成功。同年9月，剧团进京参加"现代剧汇报演出周"，在长安剧场公演《雨前曲》。1958年9月11日这一天，让周大风至今难忘。那晚，周恩来总理和邓颖超在北京长安剧场观看《雨前曲》后，还来到后台与演员畅谈了一个多小时。周总理说，《采茶舞曲》曲调"有时代气氛，江南地方风味也浓，很清新活泼"。还专门叮嘱周大风说："有两句歌词要改，插秧不能插到大天亮，这样人家第二天怎么干活啊？采茶也不能采到月儿上，露水茶是不香的。"周总理建议周大风到梅家坞生活一段时间，"把两句词改好，我要检查的……"

之后，周大风来到梅家坞体验生活。在那里，他一直思考如何才能修改好歌词，可怎么也想不出更好的词句。几年后的一天，周大风正在茶园劳动，突然一辆轿车停在身边，走下来的竟然是周总理。他对周大风说："周大风，你果然来了，词改好没有？"周大风没想到，总理日理万机，却一直关心一个普通的文艺工作者和一支歌曲。几年前说的话，竟然一直挂在心上。周大风只好照实说："歌词改不出来。"总理沉吟了一下说："你要写心情，不要写现象。'插秧插得喜洋洋，采茶采得心花放。'你看这样如何？不过只给你参考，你还可再改，改好了重新录音。"

《采茶舞曲》修改后经重新录音，迅速在全国流行，被浙江越剧二团、中央歌舞团、中央实验歌舞团、东方歌舞团等23家文艺团体作为保留节目，一时风靡城乡，并多次到国外演出，成为知名度最高、最为观众喜闻乐见的茶歌茶舞。

特别值得一提的是，1971年9月初，毛泽东主席南巡乘专列从江西南昌来到杭州，点名要看《采茶舞曲》。陈毅等中央领导来浙江时，也观看了《采茶舞曲》的演出，并给予赞赏。1972年，柬埔寨西哈努克亲王到杭州访问，点名要看《采茶舞曲》，周总理便指示浙江省组织演员在西湖国宾馆前广场上演出，坐在宾馆阳台上观摩的周总理和西哈努克亲王拍手击节唱和，其乐融融。《采茶舞曲》后经歌唱家朱逢博、吕薇，越剧演员陶慧敏等演唱后，红遍了全国。1983年，《采茶舞曲》

还被联合国教科文组织评为"亚太地区风格的优秀教材"。至今，已有100多种唱片、磁带、CD片等流传海内外。1993年春天，东亚运动会在上海举行，中国运动员在《采茶舞曲》的优美旋律中款款进场。

作为一位优秀的人民音乐家，周大风用音乐为祖国和人民做出了卓越的贡献，祖国和人民也给了他很多职位和荣誉。他除任浙江省音乐家协会主席外，还担任过浙江省政协第三至七届委员、中国民主促进会浙江省委常委等职。他还用甬剧曲调为宁波写过茶歌。

2015年10月11日，周大风因病在杭州去世。他的《采茶舞曲》至今仍在传唱，秀丽的江南茶乡令人心驰神往，优美的旋律依然激动人心[①]。

> 溪水清清溪水长，溪水两岸采茶忙。姐姐呀，你采茶好比凤点头；妹妹呀，采茶好比鱼跃网……左采茶来右采茶，双手两眼一齐下，一手先来一手后，好比那两只公鸡争米上又下。两个茶篓两膀挂，两手采茶要分家，摘了一回又一下，头不晕（来）眼不花，抖一抖（来）挎一挎，年年丰收有清茶啊……

除周大风的《采茶舞曲》外，21世纪以来由专业人士作词、演唱的茶歌开始登上大雅之堂，如《瀑布仙茗传美名》《望海茶歌》《望府茶歌》，还有颂扬奉化曲毫茶的弹词开篇《曲毫飘香》《曲毫赋》等。现录部分如下。

瀑布仙茗传美名　亿航词

四明山呀山青青，一弯弯的绿水印。妹妹采茶在山坡，云雾深处藏珍品。茶青青呀是我心，水盈盈的是我情，瀑布仙茗煮一壶，献给天下赏茶人。妹妹采茶遇知音，瀑布仙茗传美名。

---

① http://www.sohu.com/a/191206330_372971.

望海茶歌　袁哲飞词

　　云雾九重纱，露沐谷雨茶。茶园青，连天碧，兰指舞，千年高山采嫩芽。外形紧，条索挺，色绿翠，倍加众人夸。望海茶姿胜佳人，胜似绝代女人花。香茗情寄紫壶中，杯杯又映绿烟霞。

　　名茶誉中华，仙山水造化。日月光，润天地，眺望海，千年茶韵绘新画。高远久，伴栗香，品茶味，鲜爽甘又。放歌云海望海茶，馥郁精气飘万家。望海新茶年年绿，望海茶歌传天下。

望府茶（望府银毫）歌　村歌

　　白峤春山绿，望府新茶香。鸡头岩上垦荒野，种得名茶扬天下。勤劳的人民一起走，收获着幸福和吉祥。看看我们的新家园，绿水青山望府香。幸福望府村，欢声笑语在荡漾。

　　红石潭水清，枫槎披翠霞。绿树鲜花绕门前，长廊曲水有人家、美好的生活一起过，寄托着快乐和遐想。看看我们的新天地，绿水青山望府香。快乐望府村，金山银山入梦乡。

写入村歌的望府茶

曲毫飘香（弹词开篇，印运华词）

雪窦山山色幽，曲毫茶茶质优，茶香山美世无俦。若问此茶何出典，有一番佳话颂千秋，请君听我唱出头。相传北宋仁宗帝，他梦入山中乘兴游，见飞瀑从天落，清泉足下流，松涛阵阵竹篁秀，无限风光不胜收。行来口渴唇焦躁，听得古刹钟声响悠悠。循声入庙把客堂投，方丈恭呈茶一瓯。扑鼻幽香沁肺腑，茶汤精湛映双眸，嫩芽瓣瓣半沉浮，沾唇通体爽，入口精神道，连品三杯味更稠。仁宗是一梦醒来三更整，犹然齿颊余香留，即招画师把梦境绘，又传圣旨到各府州，将天下名山的图画搜，速献宫中莫滞留。图画纷纷呈贡到，仁宗一一细研究，忽见随图茶一盒，启盒顿时香满楼，品来恰与梦中侔。啊哈妙哇，茶荈不同亩，曲毫幽而独芳，雪窦山是朕神游地，今日终于把愿酬。他欣然提笔亲题写："应梦名山赐雪窦"，至今尚有御碑留。名山名茶名人品，奉化人稽古创新优，曲毫香飘满五洲。

奉化曲毫赋　曹厚德

天下名茶，异彩纷呈；奉化曲毫，驰誉华旌；斯是茶业，荟萃至盈。圣闻佳木馨，应梦名山行；宋皇御茗赐，弥勒佛光明，蓬岛若茶魂，寿长生！聚烟霞之灵秀，融天地之精英。蟠龙腾嫩碧，醇味结菁晶，泉水鸣，茶为国饮。

宁波茶歌　周大风词曲

阿拉宁波人，爱吃宁波茶，宁波茶，醇又香，客人来了敬杯茶，宁波茶叶顶呱呱。千年茶山望海茶，瀑布仙茗云雾茶；奉化曲毫印雪白，清香鲜爽味道佳。海上茶路唐代开，越窑茶具史书载，书藏古今记茶事，港通天下飘茶香。我们的朋友遍五洲呀，宁波名茶醉天下。

第三节　茶传说

　　有关茶事的民间传说在宁波流传不少，本书序章中有关茶地名的传说已经记录下了一些。下面再摘录分别流传在余姚和象山的茶传说两则。

一、四明山的茶传说

　　唐代茶圣陆羽在《茶经》中先后五处记录了余姚茶事，这在《茶经》中是绝无仅有的。在《茶经》"四之器""七之事""八之出"中，先后转引《神异记》中所述的余姚人虞洪入山采茗巧遇道士丹丘子的故事。而宁波以至浙江茶事最早的文字记载即见于这部《神异记》，据考证，此书是西晋时洛阳道士王浮伪托汉代文学家东方朔（前154—前93）所写。

　　《神异记》里的生动故事发生在四明山中的瀑布泉岭，即现在的宁波余姚市梁弄镇道士山白水冲一带。一个鸟语花香的春日，余姚青年虞洪迎着缭绕的云雾到四明山采茗。当他攀上瀑布泉岭时，遇到了一位道士，只见他右手拽着一把绳，牵着三头壮硕的青牛，左手抬起，欲言又止。

　　虞洪感到奇怪，不知怎么称呼，道士自我介绍名叫丹丘子并对他说："小伙子，听说你爱好品茗，老实忠厚，我一直来想帮你做件有意义的事。"老道士一席话，让虞洪连连感谢。丹丘子指着南边的群山，说："那方山中有大茗，你尽可去采。"虞洪顺着丹丘子指的方向望去，果然山峦叠翠，仿佛阵阵香茗扑鼻而来。丹丘子接着又说："那里的大茗会给你带来幸福，你以后的日子会一天天地富起来。"虞洪表示了谢意，说："若是如此，你就是我的恩人，我会永远感谢你。"

虞洪回到家，将巧遇仙人的事原原本本告诉了家人。家人决定雇佣茶工每年去山上采大茗。不出三年，虞洪家因采大茗而家境更殷实。于是他就在瀑布泉岭立了茶祠堂，并于每年春天率全家祭祀丹丘子。

"虞洪巧遇丹丘子"中的丹丘子是修炼饮茶、由凡人而成仙的道士，故事发生在汉代，西汉东汉则未详。而另一则"刘樊与升仙桥"的故事，则明确在东汉年间，载于晋葛洪的《神仙传》。

宁波市政府在梁弄镇道士山上立有《瀑布泉岭古茶碑记》

故事的男主人公刘纲曾任上虞县令，其时四明山已兴起道教，有一个名为白君的道士，有仙术，隐于四明山潺湲洞。刘纲弃官挂印，携夫人樊云翘到四明山拜白君为师，在洞侧结庐学道。匆匆过了数十年，两人道术渐进，能檄召鬼神。相传刘纲为了检验自己的学道成果，经常与樊云翘较量法力，结果事事逊于樊云翘。一天夫妻俩各守一株桃树，口念咒语，让两颗桃树相斗，桃树忽左忽右，或相撞或相交，斗了好些时候，最后刘纲那棵桃树未能取胜。还有一次，夫妻在洞口篱笆门外又比起道术来，刘纲口中念念有词，口里即刻吐出一物到盘中，竟是一条鲤鱼，樊氏口念咒语，从口中吐出一只水獭，将鲤鱼吃掉。两人功力有差异，原因是学道时刘纲饮茶时断时续，常打瞌睡，而樊云翘总是青灯伴茶，由茶提神，修道有成。

学道既成，将升天，地点选定伏虎山。白君说，岚气缭绕之处是丹丘子植大茗之处，你们成仙以前，先去那里采得大茗，口里嚼着大茗，上了九天头脑才会清醒。夫妻二人到了伏虎山，只见峰峦层叠、云蒸雾蔚，到处种满了茶树，丛丛畦畦，葱绿一片，宛如层层织锦，夫妻俩坐在茅檐下品着香茗。时辰已到，刘纲攀缘一棵数丈高的皂荚树，然后向上飞举，与众亲友挥手告别。樊云翘则在树下一座桥边，等一片祥云飘然而至，也脚踏彩云缓缓而去。

明末清初大史学家黄宗羲（1610—1695）编纂的《四明山记》对此也有记载，"白君有仙术，隐于潺湲洞侧，刘纲同妻樊氏从之学道，亦遂居于此"。大岚山至今仍有升仙山、升仙桥等地名。而白水山今称道士山，山上潺湲洞虽已不存，但洞旁号称"浙东第二瀑布"的白水冲瀑布仍长流不歇。后来，人们在他们升仙的地方建了一座祠宇观，又在观旁建樊榭以祀樊夫人。2005年，梁弄镇政府为开发旅游资源，在旧址附近建玉皇殿，恢复了朝天门、八卦坛、过云桥等建筑。

二、珠山白毛尖的传说

很久很久以前，象山珠山脚下有户人家，只有母女两人，女儿叫珠妹。有一天，珠妹的母亲得了眼病，痛起来乱滚乱爬，弄得珠妹横竖没什么办法，只好抱着母亲哭。女儿哭，母亲也哭，越哭母亲的眼病越重。

这一天，有个头发胡须雪白的老公公走进珠妹屋里，他看了看珠妹母亲的眼睛，头摇摇，摸出一包药粉递给珠妹，说："你母亲的眼睛弄不好就要瞎了，你把这包药粉再配上珠山罗盘树上的嫩芽煎汁，让你母亲喝下去就有救。"

听了老公公的话，珠妹托人照顾母亲，随身带了个冷饭包，便上珠山顶采药芽。珠山山高、林密，豺狼虎豹进进出出，没有一个人敢上山，珠妹一心一意要把母亲的眼睛治好，啥也不怕，一门心思就是向山顶爬去。爬呀爬，从天蒙蒙亮爬到太阳落山，总算爬到珠山顶。

当时正是早春季节，山头茅草焦黄，树叶精光，只有一丛低低的罗盘树碧绿发光。珠妹眼睛一亮，赶快坐下去寻嫩芽，嫩芽没有出，珠妹心一酸，哭了起来。哭啊哭，珠妹好像听见有人对自己说："眼泪白白流，难催树芽抽。"珠妹抬头一望，面前站着的就是给母亲看眼睛的老公公，便连忙跪在老公公面前求说："老公公，罗盘树没嫩芽怎么办？"老公公讲："只要真情到，心热能催芽。"说完，便随着一股清风飘走了。

珠妹知道这是神仙指点，心想树芽没抽恐怕是山高天冷之故，我何不用自己身上的热气来催芽呢？珠妹随即坐在罗盘树下解开棉袄纽扣，双手紧紧抱住罗盘树，用棉袄将罗盘树裹得很紧很紧。

就这样，珠妹一直抱了三日三夜，到第四天天亮，只听得罗盘树有"吱吱"声，珠妹轻轻撩开衣角一看，许多芽头钻进棉袄夹里，拔出来一看，嫩芽上趴着许多白绒毛，抖不掉，也吹不走，看上去好像天生的一样。她摘了一口袋，奔到家里。把罗盘树嫩芽和老公公的一包药煎成汁，给母亲喝了下去。

一夜过去，第二天母亲的眼睛真的好了，珠妹还把剩下的嫩芽送给别人医眼病，乡亲们都说很灵验。

后来，珠山顶上罗盘树越来越多，大概是珠妹紧紧裹过之故，抽芽也越来越早。大家知道这罗盘树芽有这么好，每年清明时节，珠山脚下的大姑娘、小媳妇都带着冷饭包、背着毛竹篮去摘嫩芽了。摘回来烘干，藏在瓷瓶里，用时开水一泡，又香又醇。这种嫩芽还生了白毛，后人就称它为"珠山白毛尖"。

尾章 ◎

新茶风：新世纪 新风尚

作为一个地方约定俗成的风俗，茶俗、茶风与许多事物的发展规律一样，也是随着时代的前进而不断发展变化的。新中国成立后，与人们生活休戚相关的茶俗也在变化着。进入21世纪以来，宁波茶俗出现了新景象：一是有了一支专业化的茶艺师队伍，二是形成了茶文化进机关、进企业、进社区、进学校和进家庭的"五进"态势，三是率先助推"茶为国饮"的倡议，开展了多层次的、广泛的群众性茶文化活动，城乡还出现了"爱心茶亭"，将茶从物质层面提升到精神层面，形成了新的茶风。茶和天下，茶美生活，茶文化由古老到时尚，成为新时代文明的纽带、友谊的桥梁，推进了社会治理的现代化，并融入海内外经济文化交流中。

第一节　文明时尚　雅俗共赏

　　茶风之美，美在人文，美在进展，美在文明。进入21世纪后，由茶文化引领的宁波茶俗不断发扬光大，茶文化的内涵也在扩大，如"爱心茶亭"的普遍出现就是一个突出的标志。从2016年起，鄞州区中河街道全馨社区的党员志愿者开展"寒天送姜茶，温暖送一线"活动，至2020年，一送就送了五年。只要一到冬天，天气逐渐寒冷，志愿者就开始行动起来，经常早上七点就开始忙碌，他们一边洗生姜片，一边烧水加糖，然后将一锅锅热气腾腾的生姜灌入一个个热水瓶里，备好水杯送到东湖馨园南、北门以及印象城周边及岗亭。将姜茶送给清早在外的一线劳动者——小区门岗通宵执勤的保安，凌晨4点就上岗扫地的环卫工人和垃圾清运工，风里来、雨里去与时间赛跑的快递小哥，维持交通安全的交警辅警和值勤志愿者……

类似全馨社区的爱心活动在宁波多处涌现，"爱心茶亭"随处可见。"像这样的茶亭，目前全市有31处，分布在户外工作者较多的区域。"市城管义工协会负责人介绍说，"茶亭里装的是一台直饮水设备，它有多个滤芯，可供应沸水、温水，水温可根据取用者的需要自主调节。不同季节，我们也会提供不同茶包，满足更多户外工作者的不同口味。"这位负责人还介绍，"爱心茶亭"项目最早叫"爱心冰箱"，于2018年夏天启动，由宁波市城市管理义务工作者协会发起，宁波市慈善总会、市创二代联谊会等公募、捐助。2020年1月7日，"爱心冰箱"升级为"爱心茶亭"，开启了"冬暖夏凉"服务模式，每年如约现身甬城街头，并在同年12月16日的《宁波晚报》A3版登报公布，注明每个茶亭的名称、地址和有关设备，媒体同时报道了海曙区公园路爱心茶亭的情景，几位环卫工人围坐在一起，有的微笑着冲泡姜茶，有的从志愿者手里接过茶水。爱心茶亭能提供开水、凉水，冬暖夏凉的水温很适合自助选用。无论是夏日酷暑，还是寒冬腊月，让过往行人能喝上这杯茶，更加暖心暖胃，感受温馨。

21世纪的新茶风另一个突出的特点是茶人的队伍有了相当的扩大，以前的茶人，一般是指茶农、茶工、茶商、饮茶人，而如今，又增添了文明时尚的茶艺师这么一支生力军，使茶文化变得更加雅俗共赏。

中国的茶艺师于1999年11月开始萌芽，宁波也不落后，21世纪之初，茶艺师已在宁波崭露头角。2006年4月下旬宁波国际茶文化节上首次举办了宁波茶道茶艺大赛。当时，许多年轻人已经参加过茶道茶艺培训，看到《宁波晚报》上登出大赛公告后，报名参赛的有150余人。经初选，参加预赛的团队有15家，个人有30多位。经过茶文化相关知识的笔试和现场茶艺表演等多道环节评选，成绩优胜团队以古代状元、榜眼、探花为名，宁海连福茶艺馆、宁海望海茶业发展有限公司和江东富源茶艺公司获得各项荣誉。女性个人优胜获奖者为赖丽娜，被授予"茶美人"称号；男性获奖者为邬明明、姚明、刘建峰，均获得"茶博士"称号。

在此以后的10年间，宁波的茶艺师队伍建设如雨后春笋般发展。宁波市茶叶流通协会聘请高校教授授课，组织茶艺师培训。宁海县以当地老年大学为基点，培训茶艺师2 000余人，近百家茶馆茶店工作人员都获得茶艺师资格证书。象山县妇联培训茶道茶艺，吸引当地驻军的军嫂报名学习。奉化区妇联以妇联活动中心为培训基地，茶艺培训的对象扩大到乡镇、街道和机关，涉及100多个单位。慈溪市茶艺师职业技师培训对当地市民科学饮茶、弘扬新茶风发挥了很大的作用。2015年3月至2016年7月，慈溪市茶业促进会和现代职业技术培训学校合作举办了8期茶艺师考级培训，每期培训8天，培训内容包括茶的基础知识、品茗用水知识、茶具知识，授课知识系统全面，理论与实际结合，产生良好效果。宁波茶文化博物院位于月湖风景区，自然也成为茶道茶艺的培训基地之一，每月举办2～3次茶事公益活动，介绍六大茶类知识，开展茶艺表演，免费学习品茶、选壶和茶人礼仪。仅2018年一年少年儿童到茶文化博物院实习茶艺的已达10批次。

各地参加茶道茶艺培训的人员，对茶和茶文化的三个层次有深切的体验：其一，"茶是一种生活"，即"柴米油盐酱醋茶"，为生活中不可或缺的；其二，"茶是一种享受"，即"琴棋书画诗酒茶"，意在茶之韵，重在放松自己，颐养身心；其三，"茶是一种境界"，意在茶之德，格物致知，以茶悟道，以茶养性，以茶养廉，以茶敬老，以茶会友。宁波茶艺师出现在城乡单位、学校和家庭，为新茶风提升了文化品位，比一般的饮茶风气内涵更为丰富，如茶艺中泡茶工艺之一的"凤凰三点头"，对来客敬茶的精美动作就具有美好的寓意。

将茶道茶艺培育成茶艺师，成为一种潜在的职业。2009年3月，由宁波茶文化促进会和市教育局联合出资，组织培训少儿茶艺实验学校的老师，由市劳动和社会保障局劳动技能培训中心组织实施。参加培训的31名老师认真学习《国家职业资格培训教程——茶艺师》，经理论和实践考试，获得国家五级茶艺师职称证书。2010年9月，在浙江省暨宁波市科技周期间，宁波市总工会根据从事茶道茶艺职业人数增长的情况，举办茶艺师职业技能大赛，聘请了浙江大学童启庆教授担任主评委，组成的六人评委小组及时分析了茶道茶艺的现状，以公平、公开、公正的方式，指出茶艺有忽视冲泡茶汤的倾向，要求表演者形象端庄、清雅，解释词简洁、生动，动作优美、利落，这些当然都是必要的，但更重要的是茶汤味醇鲜洁，这一条应占总分的60%左右，对此不能忽视。通过这次茶艺大赛，16名选手获得茶艺师证书，其中3名获得"宁波技术能手"称号。与获得同一称号的其他领域的职工一样，享受市政府规定的优惠待遇。自此以后，茶道茶艺大赛的优胜者可冲刺"宁波市首席工人"称号。如2012年由宁波市林业局、宁波市总工会、宁波市人力资源和社会保障局、宁波茶文化促进会主办第四届宁波茶艺大赛暨茶艺师职业技能资格赛上，经决赛前三名选手由宁波市劳动竞赛委员会授予"宁波市技术能手"称号，其中第一名还被评为"宁波市首席工人"。

　　茶艺师队伍与茶馆有密切关系，必定要在茶馆生根开花。在市场经济环境中，茶馆难以仅靠茶客喝茶求得生存发展，必须在动态中有所变化，往多元化经营方式上发展。宁波茶馆有兼卖茶叶、茶具的，有饮茶供餐饮的，也有布置高雅，专供企业界人士商谈业务、联络感情的，不管何种形式，都体现了茶和天下、以茶会友的茶风氛围。据宁波市流通协会21世纪初统计，仅在三江六岸为中心的市区，茶馆即多达300多家。知名的有清源茶馆，其中办在天一广场的时间最长，生意兴隆，被评为全国百佳茶馆之一。还有中山西路上的兴甬茶庄，办在外滩的涌优茶馆，办在青林湾的净川茶室，在文化广场的奉化曲毫银缘堂茶馆则以卖名茶著称等。在各区（县）市茶馆办得较为出色的包括慈溪市的梅岭轩、宁海县的连福茶馆等。纵观茶馆能办久办好的，除与茶场联系较为紧密外，有合格的茶艺师队伍与之匹配，对推助良好的茶风也是必不可少的。

第二节　深度演绎　推动"五进"

21世纪新茶风的另一个重要特点是，茶文化进一步深入，从机关到学校、从企业到社区以至家庭，"五进"演绎并提升了茶的文化品位，成为茶俗深度发展的标志。

一、新茶风进机关：改变作风

机关传承着客来敬茶的风俗，请坐、请喝茶成为对来访人士的首选礼遇。公务员作为人民的公仆，敬茶拉近了人与人之间的距离。不过，在机关里泡茶并不太讲究形式，用的茶叶质地也是大众化的，让人感受实惠、亲切。以前是客来敬烟，如今吸烟的人越来越少，有的办公桌上干脆设有"谢绝敬烟"桌牌，现变为客来敬茶，以至喝茶的人越来越多。无论是与茶事紧密相关的农村、农业，还是与茶联系较少的商贸、企业单位，都注重文化引领，科学饮茶，鼓励单位人员学习茶艺，开展茶事活动。21世纪初期，地处四明山茶乡的大岚镇、梁弄镇、四明山镇先后为机关干部和群众开办茶文化专题讲堂。2015年5月，大岚镇政府机关女干部组织了机关茶艺队，利用午休时间排演节目，编排的《岚山情》茶艺节目在余姚市第七届科普艺术节上登台表演，荣获二等奖。茶文化进机关对新时代形成新的茶俗茶风起了很大的促进作用。

二、新茶风进企业：利于养生

茶文化进企业呈现了新的茶俗格局。在企业的办公室和接待室里，有专业的茶具设备，包括精美的茶海、茶壶及茶杯等，泡茶人员多经过茶艺职业技术训练。宁波佳音机电股份有限公司、宁波如意股份有限公司还请宁波茶文化界人士到企业做茶文化专题讲座。企业领导讲究用茶，还注意从源头做起，认准茶叶来自哪家茶山，限定采摘加工时间。奉化有7家企业在当地的南山茶场认养"私家茶园"，一年花上数千元，在高山云雾茶之地自己拥有一块"私家茶园"，平时茶园不必企业主人操心，有茶场专业人员护理，安排采摘、加工、包装，成品打上专属印记送货上门。当然，还可随企业领导兴趣，带上亲朋好友，在春暖花开时去尽情体验"私家茶园"的采茶乐趣。一亩茶园一般能出产2千克左右的明前茶和15千克的等级茶。有的企业和顾客反映，企业认定"私家茶园"不仅是经济上划算，更重要的吃得放心，心里踏实，是无农药残留的生态好茶，利于养生。企业普通职工多为午后休息时间聊天谈心饮茶，以此培养企业文化，既是积极休息，还可以把饮茶的好习惯带往家中。

三、新茶风进社区：注重健康

社区居民生活中的茶俗，也因茶文化的深入而出现新景观。如今社区多有公益活动场所，如文化活动室、便民服务中心，均适宜开展茶文化交流。活动多以老年人为主，宁海老年大学开设茶艺班，多年来为社区输送茶文化骨干。社区新茶俗与健康、长寿联系紧密，居委会每年上、下半年集中两次为退休职工举办庆贺生日活动。大家欢聚一堂，吃长寿面、品健康茶，其乐融融。海曙区的中山社区、柳锦社区在为老职工庆贺生日时，举办茶文化讲座，传播科学饮茶知识，"茶"字结构为一百零八，饮茶可达"茶寿"108岁，但饮茶不可浓上加浓，要多饮茶，饮淡茶，改变喝浓茶的不良习惯。宁波举行国际茶文化节时，一些社区配合开展茶事活动，其中开展得比较好的包括江北的中马社区，鄞州的飞虹社区、南裕社区等。宁波茶文化促进会还赠送社区一批茶文化、茶科学的书籍，内容与宁波现实生活联系紧密，受到社区居民的欢迎。

四、新茶风进学校：培育新人

茶文化进学校更是别开生面。宁波茶文化进学校起步早，一开始就从娃娃抓起。2006年宁波市公布了第一批少儿茶艺学校，有奉化市溪口镇中心小学、象山县西周镇中心小学、鄞州区东钱湖镇韩岭小学、余姚市大岚镇中心小学、今海曙区章水镇中心小学、北仑区三山学校、宁海县深甽镇中心小学，七所小学有34个班级1 500学生接受茶文化教育，此后在不到8年时间里，全市发展到中学、职业技校和高等学校，达到35所，并在不断扩大中。

宁波的茶文化学校一般都有专门的茶艺教室和活动场所，如韩岭小学、章水镇中心小学、溪口镇中心小学的茶艺教室设施完善，投资均在数万元之列，余姚中学的茶艺馆投资达10万元之多。茶文化的活动形式多样，有请专家做茶文化讲座，开设茶艺课，组织茶文化活动小组排练茶艺节目，向来客表演茶艺、敬茶，到校外走访茶场、茶农等。茶文化学校的活动在省内外引起热烈反响，溪口镇中心小学、韩岭小学、余姚中学等校还分别接待了上海、金华、绍兴等地的学校和茶文化团体参观团。

各个茶文化学校还不定期举行工作经验交流。在宁波茶文化促进会的指导下，2007年8月在余姚市四明山森林公园召开的少儿茶艺教育经验交流会上，时任茶文化促进会副会长兼秘书长殷志浩和市教育局副局长陈文辉在会上讲话，对培养学生良好的思想道德和文明礼貌所作的有益探索给予充分肯定。2008年5月在北仑区春晓镇召开学校茶文化教育会上，强调茶道、茶艺不仅对学生成才起作用，而且能成为年轻人步入社会的一种技能，在中学、职校中属于教育创新的积极探索。2009年4月在象山县西周镇中心小学举行了茶文化教育现场会，该校每个教室都介绍了茶语、茶人、茶事和茶的知识，把学校茶文化融入素质教育中，引起与会的30多所学校领导和茶艺老师的赞许。2014年12月18日，全市茶文化进学校经验交流会在宁波茶文化博物院召开，象山县西周镇中心小学、奉化市溪口镇中心小学、江北区修人学校、鄞州区东钱湖旅游学校、镇海区九龙湖中心小学、余姚中学6所学校的代表在会上发言，并发表书面文章。这批学校经过数年的茶文化教育实践，积累了经验，编有专门教材，发言的书面资料本身成了茶文化的优秀论文，得到了与会的各区（县）市茶促会会长的赞扬。会上宁波茶促会会长郭正伟讲话，对这批学校的茶文化教育所取得成绩予以充分肯定，并向交流发言的代表颁发了论文证书。此后，市教育局责成教研室又与茶促会联系，举办了多次茶文化研讨活动。

茶文化进学校的形式在不断完善，内容也不断充实丰富。东钱湖旅游学校、余姚市第二职业技校等已把茶文化列入选修课，毕业学生学会了茶道茶艺，受到用人单位的欢迎。茶艺队的活动也在社会上引起热烈反响，2010年，溪口镇中心小学奉化曲毫茶艺队、韩岭小学东海龙舌少儿茶艺队在宁波第三届少儿茶艺大赛中获奖的节目在宁波电视台直播，受到社会广泛赞扬。2016年4月，由宁波茶促会和宁海茶促会联合举办的第六届茶艺大赛，蓝青中学少儿茶艺队和宁海职教中心岚馨茶艺队成为茶艺界涌现的新秀，2018年第七届少儿茶艺大赛，韩岭小学东海龙舌茶艺队、修人学校的茶艺社团、章水镇中心小学"春芽儿"少儿茶艺队先后获得殊荣。

少儿茶艺节目内涵丰富，并非一日之功，而是长期积累的结果。

以第七届宁波市少年儿童茶艺赛为例，韩岭小学之所以能获得冠军，就是因为他们多年来在提高学生素质上下了功夫。从2006年被列为宁波市首批茶文化学校起，韩岭小学周成国、童军、郑立成、徐枫四任校长，均组织师生开展茶文化教育活动，发挥毗邻学校的美丽茶园福泉山茶场的优势，精心设计专门的茶艺室，编写茶文化读本教材，将茶和茶文化列入特色劳动教育课程，在市内外产生了较大影响。韩岭小学茶艺队先后于2008年国际茶文化节长三角少儿茶艺邀请赛上获得一等奖，2009年第十六届上海国际茶文化节少儿茶艺邀请赛上荣获特等奖，2011年又荣获全国中小学生茶艺邀请赛一等奖。学校负责人在接受《新民晚报》记者采访时表示，孩子们学习茶艺，开展茶文化教育活动，能感受到中国传统文化中谦虚、礼让、勤奋、慈孝的优良品格，提升了个人的健康人格；在习茶活动中，从小懂得"乌鸦反哺，羔羊跪乳"的道理，用行动来报答父母的养育之恩。

茶文化进学校，包括了高校、重点中学、职业中学等不同层次学校。宁波工程学院杭州湾汽车学院弘扬优秀传统文化，将茶文化融入校园文化建设，倡导科学饮茶，将此作为心理健康教育的举措，并拓宽创新创业技艺，学院领导为此发表了专题论文。浙江省重点中学余姚中学的茶文化教育以"品茶、读书、做人"为宗旨，开设茶文化选修课程，校园种有大批名茶，在茶文化教育馆内可品茶，师生将饮茶称之为"一人得神，两人得趣，三人得慧"。2017年，中国国际茶文化研究会常务副会长、杭州市原市长孙忠焕到余姚中学视察，对学校的茶文化教育予以充分肯定。宁波市多所职业技校的学生在新茶风中学习茶艺，在就业过程中受到社会欢迎。为让青少年从小在新茶风中健康成长，2006年由宁波市教育局、宁波茶文化促进会编制了《中华茶文化少儿读本》一书，推进了各校的自编教材的编写。2006年5月，在上海举办的全国少儿茶艺研讨会会，专家评论该书"开浙江风气之先，在全国也处于领先地位"，被授予特别贡献奖。同年9月在大连召开的中国国际茶文化研究会中心座谈会上，该书被领导和专家肯定为"一个具有深远意义的重要举措"。

五、新茶风进家庭：促进文明

家庭是社会的细胞，社会上的每个人，都离不开温馨的避风港——家庭，机关、企业、社区、学校中形成的茶俗，也势必延伸到家庭。说起茶文化"进家庭"的起因，就应该提到宁海茶文化促进会。2016年前，茶文化的提法一直是"四进"，后来的第五进就是"进家庭"。那是2016年在杭州召开的茶文化工作会议上，宁海茶促会会长杨加和介绍经验，他们不仅践行茶文化"四进"，到2015年经培训的一批茶艺师还把茶文化、茶俗带到了家里，特别是学校里孩子学习茶文化后和家长在家里共享茶事，成为乐事，孩子从学校回家，向家长宣传茶的品种、饮茶知识、泡茶技巧，孩子认真泡好一杯茶奉上给祖父、祖母、爸爸、妈妈，称得上"慈孝和乐一杯茶"，其乐融融。一家人边品茶，边评说一家人都像茶：孩子喝的是嫩绿茶，嫩绿可爱；祖父、祖母喝的是普洱茶，历经沧桑，滋味醇厚；爸爸喝的是红茶，浓醇鲜香，辛苦为家；妈妈喝的是花茶，美丽芬芳，贤惠善良。家里有说有笑，说着绿茶清香，喝来有利健康，其他茶也各有好处，等着日后慢慢回味。茶在文明家庭中占据着重要地位，那是幸福的象征、和睦的载体。另外，余姚市丈亭镇三江小学多年坚持学生回家向家里长辈敬茶的活动，以茶尽孝，得到了社会的称道。在中国国际茶文化研究会2016年工作会议上，周国富会长在讲话中对上述做法和经验予以充分肯定，自此之后，各种茶文化会议上凡提及"四进"均改为"五进"，将新茶俗演绎得更加精彩而生动。

茶文化进家庭，有很多成功的案例，如宁波的家庭茶艺师王叶大学本科毕业，自主创业，她将家庭茶文化演绎得精美而生动。2018年5月在宁波举行的第九届中国宁波国际茶文化节暨"海曙杯"首届中国家庭茶艺大赛上，来自全国各地的代表各显神通，先后有选拔赛、复赛、决赛三个阶段，经过激烈角逐，宁波、重庆、广西三个家庭分获殊荣，宁波王叶一家获首届中国家庭茶艺大赛金奖。王叶大学毕业后与茶艺结缘，知茶、行茶、知礼、行礼，人品赋予茶品，使茶的古韵在现代家庭中具有深深的魅力。

茶俗新景观内容丰富、形式多样，既可展现在一个单位，也可展现在一个家庭，因有强大的生命力，新茶俗蔚然成风。

第三节　推广普及　提倡"国饮"

2004年3月在全国政协十届二次会议上，刘枫、陈宗懋等名家提出"茶为国饮"的提案；同年6月，农业部在办此提案时，宁波即领风气之先，与北京遥相呼应，从那时起，实施多种举措，采取多项行动，推进"茶为国饮"倡议的落实，形成了新的茶风茶俗。

一、茶促会各类活动丰富多彩

2003年宁波茶文化促进会成立，以后组织并参与了大量的茶文化活动。如每年秋天由宁波市委宣传部和市社科联举办的社会科学普及月活动时，或在天一广场，或在宁波书城，多年开设的茶文化展位，由宁波名茶企业向市民免费提供茶叶品饮，现场解答有关茶和茶文化的知识，并赠送茶文化书刊。宁波茶文化促进会还派出人员到基层单位宣讲茶文化，送发一批茶文化书籍，如《宁波茶文化之最》《科学饮茶益身心》《茶韵》等。2011年11月13日，在宁波大学园区图书馆举办茶文化讲座时，浙大宁波理工学院、宁波城市职业技术学院、浙江万里学院的教师纷纷到场聆听讲座，增进了对茶文化的了解，并回单位组织师生开展了茶文化活动。

宁波市茶促会组织的活动规模有大小、人数有多少，其中规模大、印象深的要数2012年4月在宁波中山广场"茶为国饮"万人品茗活动，当时场地内张灯结彩、彩旗招展，市民踊跃参加，全市各名茶企业各显神通，带着自己企业的品牌亮相，市民尽情品赏各档名茶，还获取了多种茶文化书刊。来自美国、日本、韩国及国内100多位专家学者与市民见面，不时摄下热闹的场面。茶文化专家——浙江大学程启坤教授、浙江中医药大学林乾良教授来到现场，向市民介绍了世界卫生组织推荐的6种健康饮料：绿茶、红葡萄酒、酸奶、豆浆、骨头汤和蘑菇汤，其中绿茶排在首位的科学理念深入人心。林乾良教授还回答了冷水泡老绿茶有利治好糖尿病的信息。中国国际茶文化研究会领导、宁波市人民政府领导也与市民一起，参加了万人茶为国饮品茗活动。

近年，茶文化旅游蓬勃兴起，茶文化与旅游业互为促进，交相辉映，别开生面。2006年3月，由宁波茶文化促进会和《宁波晚报》联合推出茶旅游知识竞赛，全市有上万人参与，有1 000多人投寄试题答卷。到4月24日，安排了200名知识竞赛优胜者，分乘5辆大客车，分别到余姚大岚、奉化滕头、东钱湖福泉山、北仑九峰山和鄞州五龙潭旅游，这几条旅游线上的茶事都很兴旺，10多年以来一直是宁波一日游的热门线路。由于宁波茶文化促进会开展了多项活动，得到了社会的关注，2006年、2007年和2011年三度被评为宁波社会科学普及先进集体。

各县市区的茶促会也开展了丰富多彩的活动，宣传"茶为国饮"的观念。如在余姚四明山红色土地上，梁弄镇文化广场多次举行品茶活动，并先后三次为学校、企业和退休人员举办茶文化讲座，将当地茶农对茶的传统认识提升到新的茶文化层面上；在余姚龙山下博物馆广场开展全民饮茶日活动，向市民赠送茶书、新茶，成为余姚古城一道新的风景。宁海县2015年在县城举办"如意之春茶香城"品茗活动，同时成立了宁海茶馆协会。象山县依托茶馆举办中秋赏月品茗活动，邀请象山有关企业和茶人代表出席，成了在丹城传扬的一大雅事。奉化春茶上市，先后在溪口武岭广场、南山茶场，让人们免费品尝奉化曲毫名茶，讲述北宋神宗皇帝应梦名山、敕赐龙茶，雪窦寺僧人为此种出名茶"曲毫幽而独芳"的故事，奉化曲毫引起了茶客广泛的兴趣。2015年春茶时节，在宁波文化广场举办品饮奉化曲毫活动，受到宁波市民的欢迎。近几年，慈溪市作为全市用茶主要地区，组织茶文化讲师团到企业宣传茶文化，还在宁波市率先开办"微茶楼"网站，设立微信平台。北仑区的茶文化群众活动以读茶书、品好茶为主题，北仑区茶文化促进会编写的《北仑奉茶》出版，在品茶活动上举行首发式，同时结合当地的春茶评比活动，让当地群众认识茶、认识本地好茶。

新茶风在宁波老市区，无论在广度和深度上，更有其特色。2005年盛夏，在宁波老外滩珍宝舫船上，由宁波大学徐定宝教授牵头，18位大学校长、教授参与活动，邀请熟悉宁波茶的文化教育界人士漫谈，共议茶文化的现状和前景。宁波工程学院高浩其教授深感建设小康社会的路途上茶和茶文化意义深远。宁波还有个天行书友会，有上百名会员，多为普通职工和居民，书友会活动中举办茶文化讲座，仅2006—2010年就达5次之多，为社会增加了"茶为国饮"的氛围。

二、举办不同层次的茶文化节

自宁波茶文化促进会成立后，从2004年起，宁波每年均举办一次茶文化节，同时举行国际性的茶文化论坛，每年的论坛都有不同的主题，如"茶与保健""海上茶路，甬为茶港""影响中国茶文化之宁波茶事""茶庄园，茶旅游"等，吸引了来自世界各地的茶文化学者，成为一年一度提倡和落实"茶为国饮"的茶文化盛事。

宁波各县市区、乡镇举行茶文化节也蔚然成风。余姚市大岚镇拥有全省最大的乡镇茶场，海拔大多在500米以上，早有"高山云雾茶之乡"荣誉，盛产名茶，镇上多个风景点有着丰厚的茶文化底蕴。姚江源头有大岚茶事碑，为宁波市人民政府所立。镇上有四窗岩，经前人考证、记述，那是刘阮遇仙之地。那里的茶仙祠为外地人士热衷，每逢盛夏，上海、杭州等地游客来此露营。大岚茶乡充分发挥天时地利人和优势，精心经营茶文化节，至2019年，已连续举办了十四届余姚"神奇大岚"茶文化旅游节，每年的茶文化节从3月底开始，到5月底结束，为时两个月，每届都有一个主题，如第十一届茶文化旅游节主题为"品茗、赏茶、问道"。围绕主题采取不同形式展开，如征文、摄影、斗茶、茶艺，一年又一年，不断丰富茶文化节的内涵。2012年，由上海、江苏、浙江、安徽四省市的城市群旅游部门共同评选，大岚镇茶园入选茶乡文化之旅示范点，探姚江源头，访四明茶园，成了长三角地域城市居民向往的旅游项目。据悉，每年来大岚游客在10万人次以上。

　　与神奇大岚茶文化可以媲美的还有东钱湖深处福泉山茶场，参与东钱湖旅游度假区规划的美国和中国香港专家在福泉山感叹唏嘘，说是看过世界上许多地方，这样大面积的连片茶园还未见过。专家们曾说："这是我们见到的世界上最美的茶园。"福泉山茶场拥有茶园3 600亩，连片分布在9 000余亩人工杉木松林中。乘游览车上福泉山可见碧绿的茶树，满山满坡，有林木间隔，层层叠叠，高高低低，又有凤凰湖和山上山下名泉，茶山如碧浪翻滚，亭台楼阁点缀其间，揉成一幅绿色生态画面。在茶山游，置身在天然氧吧，人若飘飘欲仙。宁波茶文化旅游景点多，唯福泉山和宁波市中心相邻，茶园孕育新的茶风，又让人感受到宁波茶文化别有洞天。福泉山出产各档茶叶，有白茶、珠茶和大众茶，其中负有盛名的名茶品牌为"东海龙舌"，曾在省内外、国内外名茶评奖中得到金奖。东海龙舌汤色黄绿、清澈明亮，芽叶肥嫩，茶香醇厚，回味悠长。2009年当地韩岭小学东海龙舌少儿茶艺队三次参加上海国际茶艺邀请赛，屡获殊荣，并接受《新民晚报》采访，声名远播。

不仅是福泉山，宁波另有许多茶场风景美丽，引来人气兴旺。海曙区的五龙潭茶业，连幼儿园的小朋友也要每年光顾数次，孩子们戴着蓝花式的衣帽，从小沐浴在茶风之中。北仑东盘山茶场与泰河中学近400名师生挂钩，授牌为茶文化教育基地，无论是春光明媚时节，还是秋高气爽的日子，根据茶场与校方商定，师生队伍上东盘山，旗帜飘扬，歌声嘹亮，长长的队伍，蔚为壮观。奉化南山茶场孕育的新茶风又以休闲形式展示，上山的健步道上锻炼身体的市民络绎不绝，到山上打太极拳，学习舞龙的传统技艺，游客集中时，奉化布龙表演队近十位高手驾驭着龙头、龙身、龙尾，上下左右翻滚，技艺高超，观看人群中喝彩声不断；身着白色统一服装的太极拳队伍，在碧绿茶山中演绎，伴着音乐，在美丽茶山中滋养着新的茶风。

三、新茶风深入各个角落

新茶风还以各种形式进入宁波的各个角落。如新茶风进寺院。茶禅文化原本就是茶文化的重要组成部分，天童寺、七塔寺、宝庆寺和宁海广德寺依托宁波国际茶文化节，使茶禅一味的新茶风传播中外。2010年4月在七塔寺举办的第五届世界禅茶文化交流大会，与会者有海内外专家学者、高僧大德、国际茶人，会上交流和发表的论文丰富了宁波茶文化的内涵。有"东南佛国"之称的天童寺更是影响深远，它重开僧人种茶新风，2016年5月9日，举办了默照茶会，形式多样，内涵丰富。作为日本曹洞宗的祖庭，茶叶专家仓泽行洋、龙愁丽，北京大学滕军教授，访问天童寺后对禅茶一味融为新时代的茶风留下了深刻的印象。

又如，茶文化还进了监狱，2015年10月，宁波茶文化促进会应邀派人到黄湖监狱，向监狱民警和服刑人员开办茶文化讲座，宣传科学饮茶有利身心健康，现场听众深受启发。

新茶风吹到高山古村，更是别开生面。宁海县深甽有个马岙村，由马岙、茶坑、望海岗茶场组成，这个村有"镇村之宝"，出自20世纪50年代末，俞子秋的父亲带领村民从北山挑来泥土，一筐筐倒在南山，种上茶树、翠竹，大片光山变成一片绿，成为全国农村改天换地的典型。周恩来总理亲笔签名，发给马岙村一张"国务院奖状"。60多年来，这张"镇村之宝"的奖状激励了全村三代人，特别是俞子秋，继承父亲的优良传统，在外办了三家公司，有近千职工，企业蒸蒸日上，产品远销海外。2015年，村里500亩茶山承包到期，苦于无人接手，刚刚接任马岙村党支部书记的俞子秋，用办企业赚来的钱投资、承包了这片茶园。俞子秋记得父亲多次要他看看"国务院奖状"，还告诉他，钱是赚不完的，要多想想为村里做些什么，为后人留下什么。2018年，俞子秋投入2 000多万元改造老茶园，把马岙村建设成以茶业为主体、以茶文化为灵魂的生态旅游茶园。整个茶园，三季有果，四季有花，春天可采茶，夏天好避暑，秋天采果子，冬雪赏梅花。茶园五个池塘，鱼戏荷叶间，清水涟涟，茶叶田田。去马岙茶庄园玩耍，让人感受新茶风迎面扑来。

新茶风吹到唐涂宋滩的新土地上，地处前湾新区有家宁波市杭州湾青少年实践基地，那里开设的茶课堂，以茶为载体，弘扬立德、畅想、规行、健身的新茶风理念，表演自创的《西湖佳人》《海上茶路》《仿宋点茶》等茶艺节目，吸引了杭州、宁波及相邻地区青少年，美国、罗马尼亚、日本和韩国的留学生也前往那里学习。从2019年4月底基地成立到7月，在3个月内就有700人到那里参观访问。那里的新茶风概括起来就是"茶中有艺，茶中有礼，茶中有道，茶中有情"。

新茶风通过不同路径、不同地区、不同家庭，融入宁波市城市文明建设，以至市内外、国内外声名远扬。2018年5月还迎来了来自全国各地的代表，在宁波举办了首届中国家庭茶艺大赛。

四、宁波茶文化走向世界

茶为国饮，具有民族和地方特色的茶风茶俗，助推着国内外的经济文化交流。

宁波天一阁是全球最古老的三大家族图书馆之一，亚洲现存的最古老的图书馆。天一阁的创始人、明代的范钦举行冬日茶会，邀请朋友雅集相聚，读书品茶、吟诗作赋，成为宁波的一段文化佳话。而天一阁冬日茶会的文化基因延续不衰，400年后的2020年12月6日，在天一阁状元厅举行的冬日茶会引起了中外茶界的关注。茶会上清雅悠远的古乐绕梁，幽然沁沁的茶香氤氲，抑扬顿挫的读声琅琅，身着素服的茶艺师在每张茶桌边运转着精美的茶器，先后进行温器、冲泡、分杯、奉茶等程序，接着是诗茶相融、刚柔相济的三道茶：一道茶朗诵的诗歌体现大丈夫立身为中流砥柱的刚毅气概，二道茶的浓郁厚重与不畏权贵的诗句相通，三道茶吟咏范钦的婉约之作《长相思》，"我有匣中镜，团圆如明月；我有箧中衣，皎洁如霜雪。君今别我万里行，欲留不留难为情……"茶会上茶艺师的泡茶、奉茶如行云流水，秀茗美器更令人心旷神怡。中外宾客三指取杯、轻啜慢饮，温润的茶汤经口腔入腹，满口芬芳、余韵悠长。

早在2004年建立的宁波茶文化博物院更是举办活动多多，努力将宁波的茶风延伸到海内外。每一届中国（宁波）国际茶文化节，茶文化博物院都是中外来宾所到之处，还传颂着"让座引来了中外茶文化专家"的佳话[①]。2006年4月第三届中国（宁波）茶文化节时，宁波市政府宴请嘉宾后，宁波茶博院举行茶话会，日本东泽大学教授、日本茶汤协会会长仓择行洋原本未有安排，临时动议去参加茶会，到了会场，与会者众多，他与翻译人员坐在后面。在场的宁波茶文化促进会

---

① 见陈伟权：《宁波茶文化研究中心成立缘起》，载《茶风》第85—86页，中国文史出版社2013年2月版。

会长徐杏先见到后立即让座，仓择行洋对此始则婉谢，后则感动。同年9月由他组织、带队的日本茶文化考察团到宁波茶博院参观，提出建立宁波东亚茶文化研究中心的建议。2008年4月25日，宁波东亚茶文化研究中心举行隆重的授牌仪式，由仓择行洋代表国外茶文化学者从省政协副主席、宁波市原市长张蔚文手里接过荣誉研究员聘任证书，从而推动了宁波茶文化走向世界。

宁波茶文化博物院多次举办茶具、书画雅集活动，邀请中外名流到现场指导，并建立文艺大师工作室，举办以茶为美的高式熊书法艺术展、名茶印展、明月清风团扇展等。德高望重，为众人敬仰的当代书法家、西泠印社名誉副社长高式熊生前多次光临茶博院。

越窑青瓷和玉成窑紫砂是宁波茶文化的两张金名片，在21世纪的传承和创新上有新的突破。闻名古今中外的越窑青瓷在中国有母亲瓷之说，而由清代书法大师梅调鼎创立的玉成窑，其传世不多的紫砂壶和文房雅玩，件件都是珍品，屡创拍卖新高。2019年10月29日第二届世界顶尖科学家论坛在上海举行，宁波茶文化博物院院长、宁波玉成窑非物质文化遗产传承人张生亲自设计、监制玉成窑汉锋紫砂壶摹古作品，作为论坛组委会指定的国饮礼品，赠予到会的65位世界顶尖科学家，其中诺贝尔奖得主44位，还有我国的两院院士30位。通过这些活动，宁波茶文化深厚的底蕴不断被发扬光大。

2015年6月17日，在意大利罗马联合国粮农组织总部大楼，以"青瓷与茶"为载体的中国宁波传统文化展览拉开帷幕，出席并致辞的有联合国粮农组织总干事助理，中国驻联合国粮农组织大使、农业部原副部长牛盾，意大利驻联合国粮农组织大使，宁波市相关部门的领导，来自世界各地的代表和官员100余人参加了盛会。众人沐浴在东方文明的新茶风中，两位身着旗袍的东方美人在轻音乐中表现茶艺《曲毫逢春》，叙述的是名茶奉化曲毫的故事，即北宋神宗皇帝梦游佛教名山雪窦山的传说。在粮农组织大楼的现场，中外人士见到绿干茶放入青瓷杯内，形似蟠龙，冲泡后在水中缓缓舒展，沁出的茶汤嫩绿明亮，滋味醇厚甘爽。在品赏奉化曲毫过程中，人们的目光欣赏着美丽端庄的茶艺师的茶艺表演，素底细花的旗袍，这东方服装的经典衬托着亭亭玉立的身材，纤纤细手摆弄着茶匙、水盂、茶碗等茶具，其优美动作，一展南国佳丽风采。在场人员在用不同语言交谈，说着既饱口福又享眼福的美事。

茶的经济、社会和文化价值已被越来越多的世人所肯定。2019年11月27日，第74届联合国大使宣布每年5月21日定为"国际茶日"。在世界文明的互鉴中，港城宁波的新茶风如东风劲吹，景致分外亮丽，"茶为国饮"提案所提倡的愿景已逐步成为现实。

参考文献

程启坤，姚国坤，张莉颖，2010．茶及茶文化二十一讲．上海：上海文化出版社．

何国松，2011．茶情．北京：北京工业大学出版社．

刘枫，2015．新茶经．北京：中央文献出版社．

宁波茶文化促进会，2017．茶韵．

宁波茶文化促进会，2019．海上茶路．

宁海茶文化促进会，宁海茶业协会，2018．宁海茶事．

钱茂竹，1999．绍兴茶文化．杭州：浙江文艺出版社．

殷志浩，2005．四明茶韵．北京：人民日报出版社．

张国源，2018．白水闻茶——中国绿茶瀑布仙茗探源．香港：中国文化出版社．

张志良，钟伟今，2008．湖州茶俗．杭州：浙江古籍出版社．

郑桂春，2011．影响中国茶文化史的瀑布仙茗．北京：中国文史出版社．

周建华，2009．姚江戏曲．杭州：浙江古籍出版社．

附录

宁波茶文化促进会大事记（2003—2021年）

2003年

▲2003年8月20日，宁波茶文化促进会成立。参加大会的有宁波茶文化促进会50名团体会员和122名个人会员。

浙江省政协副主席张蔚文，宁波市政协主席王卓辉，宁波市政协原主席叶承垣，宁波市委副书记徐福宁、郭正伟，广州茶文化促进会会长邬梦兆，全国政协委员、中国美术学院原院长肖峰，宁波市人大常委会副主任徐杏先，中国国际茶文化研究会常务副会长宋少祥、副会长沈者寿、顾问杨招棣、办公室主任姚国坤等领导参加了本次大会。

宁波市人大常委会副主任徐杏先当选为首任会长。宁波市政府副秘书长虞云秋、叶胜强，宁波市林业局局长殷志浩，宁波市财政局局长宋越舜，宁波市委宣传部副部长王桂娣，宁波市城投公司董事长白小易，北京恒帝隆房地产公司董事长徐慧敏当选为副会长，殷志浩兼秘书长。大会聘请：张蔚文、叶承垣、陈继武、陈炳水为名誉会长；中国工程院院士陈宗懋，著名学者余秋雨，中国美术学院原院长肖峰，著名篆刻艺术家韩天衡，浙江大学茶学系教授童启庆，宁波市政协原主席徐季子为本会顾问。宁波茶文化促进会挂靠宁波市林业局，办公场所设在宁波市江北区槐树路77号。

▲2003年11月22—24日，本会组团参加第三届广州茶博会。本会会长徐杏先，副会长虞云秋、殷志浩等参加。

▲2003年12月26日，浙江省茶文化研究会在杭召开成立大会。

本会会长徐杏先当选为副会长，本会副会长兼秘书长殷志浩当选为常务理事。

2004年

▲2004年2月20日，本会会刊《茶韵》正式出版，印量3 000册。

▲2004年3月10日，本会成立宁波茶文化书画院，陈启元当选为院长，贺圣思、叶文夫、沈一鸣当选为副院长，蔡毅任秘书长。聘请（按姓氏笔画排序）：叶承垣、陈继武、陈振濂、徐杏先、徐季子、韩天衡为书画院名誉院长；聘请（按姓氏笔画排序）：王利华、王康乐、刘文选、何业琦、陆一飞、沈元发、沈元魁、陈承豹、周节之、周律之、高式熊、曹厚德为书画院顾问。

▲2004年4月29日，首届中国·宁波国际茶文化节暨农业博览会在宁波国际会展中心隆重开幕。全国政协副主席周铁农，全国政协文史委副主任、中国国际茶文化研究会会长刘枫，浙江省政协原主席、中国国际茶文化研究会名誉会长王家扬，中国工程院院士陈宗懋，浙江省人大常委会副主任李志雄，浙江省政协副主席张蔚文，浙江省副省长、宁波市市长金德水，宁波市委副书记葛慧君，宁波市人大常委会主任陈勇，本会会长徐杏先，国家、省、市有关领导，友好城市代表以及美国、日本等国的400多位客商参加开幕式。金德水致欢迎辞，刘枫致辞，全国政协副主席周铁农宣布开幕。

▲2004年4月30日，宁波茶文化学术研讨会在开元大酒店举行。中国国际茶文化研究会会长刘枫出席并讲话，宁波市委副书记陈群、宁波市政协原主席徐季子，本会会长徐杏先等领导出席研讨会。陈群副书记致辞，徐杏先会长讲话。

▲2004年7月1—2日，本会邀请姚国坤教授来甬指导编写《宁波茶文化历史与现状》一书。参加座谈会人员有：本会会长徐杏先，顾问徐季子，副会长王桂娣、殷志浩，常务理事张义彬、董贻安，理事王小剑、杨劲等。

▲2004年8月18日，本会在联谊宾馆召开座谈会议。会议由本会会长徐杏先主持，征求《四明茶韵》一书写作提纲和筹建茶博园方案的意见。出席会议人员有：本会名誉会长叶承垣、顾问徐季子、副会长虞云秧、副会长兼秘书长殷志浩等。特邀中国国际茶文化研究会姚国坤教授到会。

▲2004年11月18—19日，浙江省茶文化考察团在甬考察。刘枫会长率省茶文化考察团成员20余人，深入四明山的余姚市梁弄、大岚及东钱湖的福泉山茶场，实地考察茶叶生产基地、茶叶加工企业和茶文化资源。本会会长徐杏先、副会长兼秘书长殷志浩等领导全程陪同。

▲2004年11月20日，宁波茶文化促进会茶叶流通专业委员会成立大会在新兴饭店举行，选举本会副会长周信浩为会长，本会常务理事朱华峰、李猛进、林伟平为副会长。

2005年

▲2005年1月6—25日，85岁著名篆刻家高式熊先生应本会邀请，历时20天，创作完成《茶经》印章45方，边款文字2 000余字。成为印坛巨制，为历史之最，也是宁波文化史上之鸿篇。

▲2005年2月1日，本会与宁波中德展览服务有限公司签订"宁波茶文化博物院委托管理经营协议书"。宁波茶文化博物院隶属于宁波茶文化促进会。本会副会长兼秘书长殷志浩任宁波茶文化博物院院长，徐晓东任执行副院长。

▲2005年3月18—24日，本会邀请宁波著名画家叶文夫、何业琦、陈亚非、王利华、盛元龙、王大平制作"四明茶韵"长卷，画芯总长23米，高0.54米，将7 000年茶史集于一卷。

▲2005年4月15日，由宁波市人民政府组织编写，本会具体承办，陈炳水副市长任编辑委员会主任的《四明茶韵》一书正式出版。

▲2005年4月16日，由中国茶叶流通协会、中国国际茶文化研究

会、中国茶叶学会共同主办，由本会承办的中国名优绿茶评比在宁波揭晓。送达茶样100多个，经专家评审，评选出"中绿杯"金奖26个、银奖28个。

本会与中国茶叶流通协会签订长期合作举办中国宁波茶文化节的协议，并签订"中绿杯"全国名优绿茶评比自2006年起每隔一年在宁波举行。本会注册了"中绿杯"名优绿茶系列商标。

▲2005年4月17日，第二届中国·宁波国际茶文化节在宁波市亚细亚商场开幕。参加开幕式的领导有：全国政协副主席白立忱，全国政协原副主席杨汝岱，全国政协文史委副主任、中国国际茶文化研究会会长刘枫，浙江省副省长茅临生，浙江省政协副主席张蔚文，浙江省政协原副主席陈文韶，中国国际林业合作集团董事长张德樟，中国工程院院士陈宗懋，中国国际茶文化研究会名誉会长王家扬，中国茶叶学会理事长杨亚军，以及宁波市领导毛光烈、陈勇、王卓辉、郭正伟，本会会长徐杏先等。参加本届茶文化节还有浙江省、宁波市的有关领导，以及老领导葛洪升、王其超、杨彬、孙家贤、陈法文、吴仁源、耿典华等。浙江省副省长茅临生、宁波市市长毛光烈为开幕式致辞。

▲2005年4月17日下午，宁波茶文化博物院开院暨《四明茶韵》《茶经印谱》首发式在月湖举行，参加开院仪式的领导有：全国政协副主席白立忱，全国政协原副主席杨汝岱，全国政协文史委副主任、中国国际茶文化研究会会长刘枫，浙江省副省长茅临生，浙江省政协副主席张蔚文，浙江省政协原副主席陈文韶，中国国际林业合作集团董事长张德樟，中国工程院院士陈宗懋，中国国际茶文化研究会名誉会长王家扬，中国茶叶学会理事长杨亚军，以及宁波市领导毛光烈、陈勇、王卓辉、郭正伟，本会会长徐杏先等。白立忱、杨汝岱、刘枫、王家扬等还为宁波茶文化博物院剪彩，并向市民代表赠送了《四明茶韵》和《茶经印谱》。

▲2005年9月23日，中国国际茶文化研究会浙东茶文化研究中心成立。授牌仪式在宁波新芝宾馆隆重举行，本会及茶界近200人出席，

中国国际茶文化研究会副会长沈才土、姚国坤教授向浙东茶文化研究中心主任徐杏先和副主任胡剑辉授牌。授牌仪式后，由姚国坤、张莉颖两位茶文化专家作《茶与养生》专题讲座。

2006年

▲2006年4月24日，第三届中国·宁波国际茶文化节开幕。出席开幕式的有全国政协副主席郝建秀，浙江省政协副主席张蔚文，宁波市委书记巴音朝鲁，宁波市委副书记、市长毛光烈，宁波市委原书记叶承垣，市政协原主席徐季子，本会会长徐杏先等领导。

▲2006年4月24日，第三届"中绿杯"全国名优绿茶评比揭晓。本次评比，共收到来自全国各地绿茶产区的样品207个，最后评出金奖38个，银奖38个，优秀奖59个。

▲2006年4月24日，由本会会同宁波市教育局着手编写《中华茶文化少儿读本》教科书正式出版。宁波市教育局和本会选定宁波7所小学为宁波市首批少儿茶艺教育实验学校，进行授牌并举行赠书仪式，参加赠书仪式的有徐季子、高式熊、陈大申和本会会长徐杏先、副会长兼秘书长殷志浩等领导。

▲2006年4月24日下午，宁波"海上茶路"国际论坛在凯洲大酒店举行。中国国际茶文化研究会顾问杨招棣、副会长宋少祥，宁波市委副书记郭正伟，宁波市人民政府副市长陈炳水，本会会长徐杏先等领导及北京大学教授滕军、日本茶道学会会长仓泽行洋等国内外文史界和茶学界的著名学者、专家、企业家参会，就宁波"海上茶路"起航地的历史地位进行了论述，并达成共识，发表宣言，确认宁波为中国"海上茶路"起航地。

▲2006年4月25日，本会首次举办宁波茶艺大赛。参赛人数有150余人，经中国国际茶文化研究副秘书长姚国坤、张莉颖等6位专家评选，评选出"茶美人""茶博士"。本会会长徐杏先、副会长兼秘书长殷志浩到会指导并颁奖。

2007年

▲2007年3月中旬，本会组织茶文化专家、考古专家和部分研究员审定了大岚姚江源头和茶山茶文化遗址的碑文。

▲2007年3月底，《宁波当代茶诗选》由人民日报出版社出版，宁波市委宣传部副部长、本会副会长王桂娣主编，中国国际茶文化研究会会长刘枫、宁波市政协原主席徐季子分别为该书作序。

▲2007年4月16日，本会会同宁波市林业局组织评选八大名茶。经过9名全国著名的茶叶评审专家评审，评出宁波八大名茶：望海茶、印雪白茶、奉化曲毫、三山玉叶、瀑布仙茗、望府茶、四明龙尖、天池翠。

▲2007年4月17日，宁波八大名茶颁奖仪式暨全国"春天送你一首诗"朗诵会在中山广场举行。宁波市委原书记叶承垣、市政协主席王卓辉、市人民政府副市长陈炳水，本会会长徐杏先，副会长柴利能、王桂娣，副会长兼秘书长殷志浩等领导出席，副市长陈炳水讲话。

▲2007年4月22日，宁波市人民政府落款大岚茶事碑揭碑。宁波市副市长陈炳水、本会会长徐杏先为茶事碑揭碑，参加揭碑仪式的领导还有宁波市政府副秘书长柴利能、本会副会长兼秘书长殷志浩等。

▲2007年9月，《宁波八大名茶》一书由人民日报出版社出版。由宁波市林业局局长、本会副会长胡剑辉任主编。

▲2007年10月，《宁波茶文化珍藏邮册》问世，本书以记叙当地八大名茶为主体，并配有宁波茶文化书画院书法家、画家、摄影家创作的作品。

▲2007年12月18日，余姚茶文化促进会成立。本会会长徐杏先，本会副会长、宁波市人民政府副秘书长柴利能，本会副会长兼秘书长殷志浩到会祝贺。

▲2007年12月22日，宁波茶文化促进二届一次会员大会在宁波饭店举行。中国国际茶文化研究会副会长宋少祥、宁波市人大常委

会副主任郑杰民、宁波市副市长陈炳水等领导到会祝贺。第一届茶促会会长徐杏先继续当选为会长。

2008年

▲2008年4月24日，第四届中国·宁波国际茶文化节暨第三届浙江绿茶博览会开幕。参加开幕式的有全国政协文史委原副主任、浙江省政协原主席、中国国际茶文化研究会会长刘枫，浙江省人大常委会副主任程渭山，浙江省人民政府副省长茅临生，浙江省政协原副主席、本会名誉会长张蔚文，本市有王卓辉、叶承垣、郭正伟、陈炳水、徐杏先等领导参加。

▲2008年4月24日，由本会承办的第四届"中绿杯"全国名优绿茶评比在甬举行。全国各地送达参赛茶样314个，经9名专家认真细致、公平公正的评审，评选出金奖70个，银奖71个，优质奖51个。

▲2008年4月25日，宁波东亚茶文化研究中心在甬成立，并举行东亚茶文化研究中心授牌仪式，浙江省领导张蔚文、杨招棣和宁波市领导陈炳水、宋伟、徐杏先、王桂娣、胡剑辉、殷志浩等参加。张蔚文向东亚茶文化研究中心主任徐杏先授牌。研究中心聘请国内外著名茶文化专家、学者姚国坤教授等为东亚茶文化研究中心研究员，日本茶道协会会长仓泽行洋博士等为东亚茶文化研究中心荣誉研究员。

▲2008年4月，宁波市人民政府在宁海县建立茶山茶事碑。宁波市政府副市长、本会名誉会长陈炳水，会长徐杏先和宁波市林业局局长胡剑辉，本会副会长兼秘书长殷志浩等领导参加了宁海茶山茶事碑落成仪式。

2009年

▲2009年3月14日—4月10日，由本会和宁波市教育局联合主办，组织培训少儿茶艺实验学校教师，由宁波市劳动和社会保障局劳动

技能培训中心组织实施。参加培训的31名教师，认真学习《国家职业资格培训》教材，经理论和实践考试，获得国家五级茶艺师职称证书。

▲2009年5月20日，瀑布仙茗古茶树碑亭建立。碑亭建立在四明山瀑布泉岭古茶树保护区，由宁波市人民政府落款，并举行了隆重的建碑落成仪式，宁波市人民政府副市长、本会名誉会长陈炳水，本会会长徐杏先为茶树碑揭碑，本会副会长周信浩主持揭碑仪式。

▲2009年5月21日，本会举办宁波东亚茶文化海上茶路研讨会，参加会议的领导有宁波市副市长陈炳水，本会会长徐杏先，副会长柴利能、殷志浩等。日本、韩国、马来西亚以及港澳地区的茶界人士及内地著名茶文化专家100余人参加会议。

▲2009年5月21日，海上茶路纪事碑落成。本会会同宁波市城建、海曙区政府，在三江口古码头遗址时代广场落成海上茶路纪事碑，并举行隆重的揭碑仪式。中国国际茶文化研究会顾问杨招棣，宁波市政协原主席、本会名誉会长叶承垣，宁波市人民政府副市长、本会名誉会长陈炳水，本会会长徐杏先，宁波市政协副主席、本会顾问常敏毅等领导及各界代表人士和外国友人到场，祝贺宁波海上茶路纪事碑落成。

2010年

▲2010年1月8日，由中国国际茶文化研究会、中国茶叶学会、宁波茶文化促进会和余姚市人民政府主办，余姚茶文化促进会承办的中国茶文化之乡授牌仪式暨瀑布仙茗·河姆渡论坛在余姚召开。本会会长徐杏先、副会长周信浩、副会长兼秘书长殷志浩等领导出席会议。

▲2010年4月20日，本会组编的《千字文印谱》正式出版。该印谱汇集了当代印坛大家韩天衡、李刚田、高式熊等为代表的61位著名篆刻家篆刻101方作品，填补印坛空白，并将成为留给后人的一份珍贵的艺术遗产。

▲2010年4月24日，本会组编的《宁波茶文化书画院成立六周年画师作品集》出版。

▲2010年4月24日，由中国茶叶流通协会、中国国际茶文化研究会、中国茶叶学会三家全国性行业团体和浙江省农业厅、宁波市人民政府共同主办的"第五届·中国宁波国际茶文化节暨第五届世界禅茶文化交流会"在宁波拉开帷幕。出席开幕式的领导有全国政协原副主席胡启立，浙江省人大常委会副主任程渭山，中国国际茶文化研究会常务副会长徐鸿道，中国茶叶流通协会常务副会长王庆，浙江省农业厅副厅长朱志泉，中国茶叶学会副会长江用文，中国国际茶文化研究会副会长沈才土，宁波市委书记巴音朝鲁，宁波市长毛光烈，宁波市政协主席王卓辉，本会会长徐杏先等。会议由宁波市副市长、本会名誉会长陈炳水主持。

▲2010年4月24日，第五届"中绿杯"评比在宁波举行。这是我国绿茶领域内最高级别和权威的评比活动。来自浙江、湖北、河南、安徽、贵州、四川、广西、云南、福建及北京等十余个省（市）271个参赛茶样，经农业部有关部门资深专家评审，评选出金奖50个，银奖50个，优秀奖60个。

▲2010年4月24日下午，第五届世界禅茶文化交流会暨"明州茶论·禅茶东传宁波缘"研讨会在东港喜来登大酒店召开。中国国际茶文化研究会常务副会长徐鸿道、副会长沈才土、秘书长詹泰安、高级顾问杨招棣，宁波市副市长陈炳水，本会会长徐杏先，宁波市政府副秘书长陈少春，本会副会长王桂娣、殷志浩等领导，及浙江省各地（市）茶文化研究会会长兼秘书长，国内外专家学者200多人参加会议。会后在七塔寺建立了世界禅茶文化会纪念碑。

▲2010年4月24日晚，在七塔寺举行海上"禅茶乐"晚会，海上"禅茶乐"晚会邀请中国台湾佛光大学林谷芳教授参与策划，由本会副会长、七塔寺可祥大和尚主持。著名篆刻艺术家高式熊先生，本会会长徐杏先，宁波市政府副秘书长、本会副会长陈少春，副会长兼秘书长殷志浩等参加。

▲2010年4月24日晚，周大风所作的《宁波茶歌》亮相第五届宁波国际茶文化节招待晚会。

▲2010年4月26日，宁波市第三届茶艺大赛在宁波电视台揭晓。大赛于25日在宁波国际会展中心拉开帷幕，26日晚上在宁波电视台演播大厅进行决赛及颁奖典礼，参加颁奖典礼的领导有：宁波市委副书记陈新，宁波市副市长陈炳水，本会会长徐杏先，宁波市副秘书长陈少春，本会副会长殷志浩，宁波市林业局党委副书记、副局长汤社平等。

▲2010年4月，《宁波茶文化之最》出版。本书由陈炳水副市长作序。

▲2010年7月10日，本会为发扬传统文化，促进社会和谐，策划制作《道德经选句印谱》。邀请著名篆刻艺术家韩天衡、高式熊、刘一闻、徐云叔、童衍芳、李刚田、茅大容、马士达、余正、张耕源、黄淳、祝遂之、孙慰祖及西泠印社社员或中国篆刻家协会会员，篆刻创作道德经印章80方，并印刷出版。

▲2010年11月18日，由本会和宁波市老干部局联合主办"茶与健康"报告会，姚国坤教授作"茶与健康"专题讲座。本会名誉会长叶承垣，本会会长徐杏先，副会长兼秘书长殷志浩及市老干部100多人在老年大学报告厅聆听讲座。

2011年

▲2011年3月23日，宁波市明州仙茗茶叶合作社成立。宁波市副市长徐明夫向明州仙茗茶叶合作社林伟平理事长授牌。本会会长徐杏先参加会议。

▲2011年3月29日，宁海县茶文化促进会成立。本会会长徐杏先、副会长兼秘书长殷志浩等领导到会祝贺。宁海政协原主席杨加和当选会长。

▲2011年3月，余姚市茶文化促进会梁弄分会成立。浙江省首个乡镇级茶文化组织成立。本会副会长兼秘书长殷志浩到会祝贺。

▲2011年4月21日，由宁波茶文化促进会、东亚茶文化研究中心主办的2011中国宁波"茶与健康"研讨会召开。中国国际茶文化研究会常务副会长徐鸿道，宁波市副市长、本会名誉会长徐明夫，本会会

长徐杏先，宁波市委宣传部副部长、副会长王桂娣，本会副会长殷志浩、周信浩及150多位海内外专家学者参加。并印刷出版《科学饮茶益身心》论文集。

▲2011年4月29日，奉化茶文化促进会成立。宁波茶文化促进会发去贺信，本会会长徐杏先到会并讲话、副会长兼秘书长殷志浩等领导参加。奉化人大原主任何康根当选首任会长。

2012年

▲2012年5月4日，象山茶文化促进会成立。本会发去贺信，本会会长徐杏先到会并讲话，副会长兼秘书长殷志浩等领导到会。象山人大常委会主任金红旗当选为首任会长。

▲2012年5月10日，第六届"中绿杯"中国名优绿茶评比结果揭晓，全国各省、市250多个茶样，经中国茶叶流通协会、中国国际茶文化研究会等机构的10位权威专家评审，最后评选出50个金奖，30个银奖。

▲2012年5月11日，第六届中国·宁波国际茶文化节隆重开幕。中国国际茶文化研究会会长周国富、常务副会长徐鸿道，中国茶叶流通协会常务副会长王庆，中国茶叶学会理事长杨亚军，宁波市委副书记王勇，宁波市人大常委会原副主任、本会名誉会长郑杰民，本会会长徐杏先出席开幕式。

▲2012年5月11日，首届明州茶论研讨会在宁波南苑饭店国际会议中心举行，以"茶产业品牌整合与品牌文化"为主题，研讨会由宁波茶文化促进、宁波东亚茶文化研究中心主办。中国国际茶文化研究会常务副会长徐鸿道出席会议并作重要讲话。宁波市副市长马卫光，本会会长徐杏先，宁波市林业局局长黄辉，本会副会长兼秘书长殷志浩，以及姚国坤、程启坤，日本中国茶学会会长小泊重洋，浙江大学茶学系博士生导师王岳飞教授等出席会议。

▲2012年10月29日，慈溪市茶业文化促进会成立。本会会长徐杏先、副会长兼秘书长殷志浩等领导参加，并向大会发去贺信，徐杏

先会长在大会上作了讲话。黄建钧当选为首任会长。

▲2012年10月30日，北仑茶文化促进会成立。本会向大会发去贺信，本会会长徐杏先出席会议并作重要讲话。北仑区政协原主席汪友诚当选会长。

▲2012年12月18日，召开宁波茶文化促进会第三届会员大会。中国国际茶文化研究会常务副会长徐鸿道，秘书长詹泰安，宁波市政协主席王卓辉，宁波市政协原主席叶承垣，宁波市人大常委会副主任宋伟、胡谟敦，宁波市人大常委会原副主任郑杰民、郭正伟，宁波市政协原副主席常敏毅，宁波市副市长马卫光等领导参加。宁波市政府副秘书长陈少春主持会议，本会副会长兼秘书长殷志浩作二届工作报告，本会会长徐杏先作临别发言，新任会长郭正伟作任职报告，并选举产生第三届理事、常务理事，选举郭正伟为第三届会长，胡剑辉兼任秘书长。

2013年

▲2013年4月23日，本会举办"海上茶路·甬为茶港"研讨会，中国国际茶文化研究会周国富会长、宁波市副市长马卫光出席会议并在会上作了重要讲话。通过了《"海上茶路·甬为茶港"研讨会共识》，进一步确认了宁波"海上茶路"启航地的地位，提出了"甬为茶港"的新思路。本会会长郭正伟、名誉会长徐杏先、副会长兼秘书长胡剑辉参加会议。

▲2013年4月，宁波茶文化博物院进行新一轮招标。宁波茶文化博物院自2004年建立以来，为宣传、展示宁波茶文化发展起到了一定的作用。鉴于原承包人承包期已满，为更好地发挥茶博院展览、展示，弘扬宣传茶文化的功能，本会提出新的目标和要求，邀请中国国际茶文化研究会姚国坤教授、中国茶叶博物馆馆长王建荣等5位省市著名茶文化和博物馆专家，通过竞标，落实了新一轮承包者，由宁波和记生张生茶具有限公司管理经营。本会副会长兼秘书长胡剑辉主持本次招标会议。

2014年

▲2014年4月24日，完成拍摄《茶韵宁波》电视专题片。本会会同宁波市林业局组织摄制电视专题片《茶韵宁波》，该电视专题片时长20分钟，对历史悠久、内涵丰厚的宁波茶历史以及当代茶产业、茶文化亮点作了全面介绍。

▲2014年5月9日，第七届中国·宁波国际茶文化节开幕。浙江省人大常委会副主任程渭山，中国国际茶文化研究会常务副会长徐鸿道，中国茶叶流通协会常务副会长王庆，中国农科院茶叶研究所所长、中国茶叶学会名誉理事长杨亚军，浙江省农业厅总农艺师王建跃，浙江省林业厅总工程师蓝晓光，宁波市委副书记余红艺，宁波市人大常委会副主任、本会名誉会长胡谟敦，宁波市副市长、本会名誉会长林静国，本会会长郭正伟，本会名誉会长徐杏先，副会长兼秘书长胡剑辉等领导出席开幕式，开幕式由宁波市副市长林静国主持，宁波市委副书记余红艺致欢迎词。最后由程渭山副主任和五大主办单位领导共同按动开幕式启动球。

▲2014年5月9日，第三届"明州茶论"——茶产业转型升级与科技兴茶研讨会，在宁波国际会展中心会议室召开。研讨会由浙江大学茶学系、宁波茶文化促进会、东亚茶文化研究会联合主办，宁波市林业局局长黄辉主持。中国国际茶文化研究会常务副会长徐鸿道，中国茶叶流通协会常务副会长王庆，宁波市副市长林静国等领导出席研讨会。本会会长郭正伟、名誉会长徐杏先、副会长兼秘书长胡剑辉等领导参加。

▲2014年5月9日，宁波茶文化博物院举行开院仪式。浙江省人大常委会副主任程渭山，中国国际茶文化研究会副会长徐鸿道，中国茶叶流通协会常务副会长王庆，本会名誉会长、人大常委会副主任胡谟敦，本会会长郭正伟，名誉会长徐杏先，宁波市政协副主席郑瑜，本会副会长兼秘书长胡剑辉等领导以及兄弟市茶文化研究会领导、海

内外茶文化专家、学者200多人参加了开院仪式。

▲2014年5月9日，举行"中绿杯"全国名优绿茶评比，共收到茶样382个，为历届最多。本会工作人员认真、仔细接收封样，为评比的公平、公正性提供了保障。共评选出金奖77个，银奖78个。

▲2014年5月9日晚，本会与宁海茶文化促进会、宁海广德寺联合举办"禅·茶·乐"晚会。本会会长郭正伟、名誉会长徐杏先、副会长兼秘书长胡剑辉等领导出席禅茶乐晚会，海内外嘉宾、有关领导共100余人出席晚会。

▲2014年5月11日上午，由本会和宁波月湖香庄文化发展有限公司联合创办的宁波市篆刻艺术馆隆重举行开馆。参加开馆仪式的领导有：中国国际茶文化研究会会长周国富、秘书长王小玲，宁波市政协副主席陈炳水，本会会长郭正伟、名誉会长徐杏先、顾问王桂娣等领导。开馆仪式由市政府副秘书长陈少春主持。著名篆刻、书画、艺术家韩天衡、高式熊、徐云叔、张耕源、周律之、蔡毅等，以及篆刻、书画爱好者200多人参加开馆仪式。

▲2014年11月25日，宁波市茶文化工作会议在余姚召开。本会会长郭正伟、名誉会长徐杏先、副会长兼秘书长胡剑辉、副秘书长汤社平以及余姚、慈溪、奉化、宁海、象山、北仑县（市）区茶文化促进会会长、秘书长出席会议。会议由汤社平副秘书长主持，副会长胡剑辉讲话。

▲2014年12月18日，茶文化进学校经验交流会在茶文化博物院召开。本会会长郭正伟、名誉会长徐杏先、副会长兼秘书长胡剑辉、宁波市教育局德育宣传处处长佘志诚等领导参加，本会副会长兼秘书长胡剑辉主持会议。

2015年

▲2015年1月21日，宁波市教育局职成教教研室和本会联合主办的宁波市茶文化进中职学校研讨会在茶文化博物院召开，本会会长郭

正伟、名誉会长徐杏先、副会长兼秘书长胡剑辉、宁波市教育局职成教研室书记吕冲定等领导参加，全市14所中等职业学校的领导和老师出席本次会议。

▲2015年4月，本会特邀西泠印社社员、本市著名篆刻家包根满篆刻80方易经选句印章，由本会组编，宁波市政府副市长林静国为该书作序，著名篆刻家韩天衡题签，由西泠印社出版印刷《易经印谱》。

▲2015年5月8日，由本会和东亚茶文化研究中心主办的越窑青瓷与玉成窑研讨会在茶文化博物院举办。中国国际茶文化研究会会长周国富出席研讨会并发表重要讲话，宁波市副市长林静国到会致辞，宁波市政府副秘书长金伟平主持。本会会长郭正伟、名誉会长徐杏先、副会长兼秘书长胡剑辉等领导出席研讨会。

▲2015年6月，由市林业局和本会联合主办的第二届"明州仙茗杯"红茶类名优茶评比揭晓。评审期间，本会会长郭正伟、名誉会长徐杏先、副会长兼秘书长胡剑辉专程看望评审专家。

▲2015年6月，余姚河姆渡文化田螺山遗址山茶属植物遗存研究成果发布会在杭州召开，本会名誉会长徐杏先、副会长兼秘书长胡剑辉等领导出席。该遗存被与会考古学家、茶文化专家、茶学专家认定为距今6 000年左右人工种植茶树的遗存，将人工茶树栽培史提前了3 000年左右。

▲2015年6月18日，在浙江省茶文化研究会第三次代表大会上，本会会长郭正伟，副会长胡剑辉、叶沛芳等，分别当选为常务理事和理事。

2016年

▲2016年4月3日，本会邀请浙江省书法家协会篆刻创作委员会的委员及部分西泠印社社员，以历代咏茶诗词，茶联佳句为主要内容篆刻创作98方作品，编入《历代咏茶佳句印谱》，并印刷出版。

▲2016年4月30日，由本会和宁海县茶文化促进会联合主办的第六届宁波茶艺大赛在宁海举行。宁波市副市长林静国，本会郭正伟、

徐杏先、胡剑辉、汤社平等参加颁奖典礼。

▲2016年5月3—4日，举办第八届"中绿杯"中国名优绿茶评比，共收到来自全国18个省、市的374个茶样，经全国行业权威单位选派的10位资深茶叶审评专家评选出74个金奖，109个银奖。

▲2016年5月7日，举行第八届中国·宁波国际茶文化节启动仪式，出席启动仪式的领导有：全国人大常委会第九届、第十届副委员长、中国文化院院长许嘉璐，浙江省第十届政协主席、全国政协文史与学习委员会副主任、中国国际茶文化研究会会长周国富，宁波市委副书记、代市长唐一军，宁波市人大常委会副主任王建康，宁波市副市长林静国，宁波市政协副主席陈炳水，宁波市政府秘书长王建社，本会会长郭正伟、创会会长徐杏先、副会长兼秘书长胡剑辉等参加。

▲2016年5月8日，茶博会开幕，参加开幕式的领导有：中国国际茶文化研究会会长周国富，本会会长郭正伟、创会会长徐杏先、顾问王桂娣、副会长兼秘书长胡剑辉及各（地）市茶文化研究（促进）会会长等，展会期间96岁的宁波籍著名篆刻书法家高式熊先生到茶博会展位上签名赠书，其正楷手书《陆羽茶经小楷》首发，在博览会上受到领导和市民热捧。

▲2016年5月8日，举行由本会和宁波市台办承办全国性茶文化重要学术会议茶文化高峰论坛。论坛由中国文化院、中国国际茶文化研究会、宁波市人民政府等六家单位主办，全国人大常委会第九届、第十届副委员长、中国文化院院长许嘉璐，中国国际茶文化研究会会长周国富参加了茶文化高峰论坛，并分别发表了重要讲话。宁波市人大常委会副主任王建康、副市长林静国，本会会长郭正伟、创会会长徐杏先、副会长兼秘书长胡剑辉等领导参与论坛，参加高峰论坛的有来自全国各地，包括港、澳、台地区的茶文化专家学者，浙江省各地（市）茶文化研究（促进）会会长、秘书长等近200人，书面和口头交流的学术论文31篇，集中反映了茶和茶文化作为中华优秀传统文化的组成部分和重要载体，讲好当代中国茶文化的故事，有利于助推"一带一路"建设。

▲2016年5月9日，本会副会长兼秘书长胡剑辉和南投县商业总

会代表签订了茶文化交流合作协议。

▲2016年5月9日下午，宁波茶文化博物院举行"清茗雅集"活动。全国人大常委会第九届、第十届副委员长、中国文化院院长许嘉璐，著名篆刻家高式熊等一批著名人士亲临现场，本会会长郭正伟、创会会长徐杏先、副会长兼秘书长胡剑辉、顾问王桂娣等领导参加雅集活动。雅集以展示茶席艺术和交流品茗文化为主题。

2017年

▲2017年4月2日，本会邀请由著名篆刻家、西泠印社名誉副社长高式熊先生领衔，西泠印副社长童衍方，集众多篆刻精英于一体创作而成52方名茶篆刻印章，本会主编出版《中国名茶印谱》。

▲2017年5月17日，本会会长郭正伟、创会会长徐杏先、副会长兼秘书长胡剑辉等领导参加由中国国际茶文化研究会、浙江省农业厅等单位主办的首届中国国际茶叶博览会并出席中国当代文化发展论坛。

▲2017年5月26日，明州茶论影响中国茶文化史之宁波茶事国际学术研讨会召开。中国国际茶文化研究会会长周国富出席并作重要讲话，秘书长王小玲、学术研究会主任姚国坤教授等领导及浙江省各地（市）茶文化研究会会长、秘书长，国内外专家学者参加会议。宁波市副市长卞吉安，本会名誉会长、人大常委会副主任胡谟敦，本会会长郭正伟，创会会长徐杏先，副会长兼秘书长胡剑辉等领导出席会议。

2018年

▲2018年3月20日，宁波茶文化书画院举行换届会议，陈亚非当选新一届院长，贺圣思、叶文夫、戚颢担任副院长，聘请陈启元为名誉院长，聘请王利华、何业琦、沈元发、陈承豹、周律之、曹厚德、蔡毅为顾问，秘书长由麻广灵担任。本会创会会长徐杏先，副会长兼秘书长胡剑辉，副会长汤社平等出席会议。

▲2018年5月3日，第九届"中绿杯"中国名优绿茶评比结果揭晓。共收到来自全国17个省（市）茶叶主产地的337个名优绿茶有效样品参评，经中国茶叶流通协会、中国国际茶文化研究会等机构的10位权威专家评审，最后评选出62个金奖，89个银奖。

▲2018年5月3日晚，本会与宁波市林业局等单位主办，宁波市江北区人民政府、市民宗局承办"禅茶乐"茶会在宝庆寺举行，本会会长郭正伟、副会长汤社平等领导参加，有国内外嘉宾100多人参与。

▲2018年5月4日，明州茶论新时代宁波茶文化传承与创新国际学术研讨会召开。出席研讨会的有中国国际茶文化研究会会长周国富、秘书长王小玲，宁波市副市长卞吉安，本会会长郭正伟、创会会长徐杏先以及胡剑辉等领导，全国茶界著名专家学者，还有来自日本、韩国、澳大利亚、马来西亚、新加坡等专家嘉宾，大家围绕宁波茶人茶事、海上茶路贸易、茶旅融洽、茶商商业运作、学校茶文化基地建设等，多维度探讨习近平新时代中国特色社会主义思想体系中茶文化的传承和创新之道。中国国际茶文化研究会会长周国富作了重要讲话。

▲2018年5月4日晚，本会与宁波市文联、市作协联合主办"春天送你一首诗"诗歌朗诵会，本会会长郭正伟、创会会长徐杏先、副会长兼秘书长胡剑辉等领导参加。

▲2018年12月12日，由姚国坤教授建议本会编写《宁波茶文化史》，本会创会会长徐杏先、副会长兼秘书长胡剑辉、副会长汤社平等，前往杭州会同姚国坤教授、国际茶文化研究会副秘书长王祖文等人研究商量编写《宁波茶文化史》方案。

2019年

▲2019年3月13日，《宁波茶通典》编撰会议。本会与宁波东亚茶文化研究中心组织9位作者，研究落实编撰《宁波茶通典》丛书方案，丛书分为《茶史典》《茶路典》《茶业典》《茶人物典》《茶书典》《茶诗典》《茶俗典》《茶器典·越窑青瓷》《茶器典·玉成窑》九种分

典。该丛书于年初启动，3月13日通过提纲评审。中国国际茶文化研究会学术委员会副主任姚国坤教授、副秘书长王祖文，本会创会会长徐杏先、副会长胡剑辉、汤社平等参加会议。

▲2019年5月5日，本会与宁波东亚茶文化研究中心联合主办"茶庄园""茶旅游"暨宁波茶史茶事研讨会召开。中国国际茶文化研究会常务副会长孙忠焕、秘书长王小玲、学术委员会副主任姚国坤、办公室主任戴学林，浙江省农业农村厅副巡视员吴金良，浙江省茶叶集团股份有限公司董事长毛立民，中国茶叶流通协会副会长姚静波，宁波市副市长卞吉安、宁波市人大原副主任胡谟敦，本会会长郭正伟、创会会长徐杏先、宁波市农业农村局局长李强，本会副会长兼秘书长胡剑辉、副会长汤社平等领导，以及来自日本、韩国、澳大利亚及我国香港地区的嘉宾，宁波各县（市）区茶文化促进会领导、宁波重点茶企负责人等200余人参加。宁波市副市长卞吉安到会讲话，中国茶叶流通协会副会长姚静波、宁波市文化广电旅游局局长张爱琴，作了《弘扬茶文化　发展茶旅游》等主题演讲。浙江茶叶集团董事长毛立民等9位嘉宾，分别在研讨会上作交流发言，并出版《"茶庄园""茶旅游"暨宁波茶史茶事研讨会文集》，收录43位专家、学者44篇论文，共23万字。

▲2019年5月7日，宁波市海曙区茶文化促进会成立。本会会长郭正伟、创会会长徐杏先、副会长兼秘书长胡剑辉、副会长汤社平到会祝贺。宁波市海曙区政协副主席刘良飞当选会长。

▲2019年7月6日，由中共宁波市委组织部、市人力资源和社会保障局、市教育局主办、本会及浙江商业技师学院共同承办的"嵩江茶城杯"2019年宁波市"技能之星"茶艺项目职业技能竞赛，取得圆满成功。通过初赛，决赛以"明州茶事·千年之约"为主题，本会创会会长徐杏先、副会长兼秘书长胡剑辉、副会长汤社平等领导出席决赛颁奖典礼。

▲2019年9月21—27日，由本会副会长胡剑辉带领各县（市）区茶文化促进会会长、秘书长和茶企、茶馆代表一行10人，赴云南省西双版纳、昆明、四川成都等重点茶企业学习取经、考察调研。

2020年

▲2020年5月21日，多种形式庆祝"5·21国际茶日"活动。本会和各县（市）区茶促会以及重点茶企业，在办公住所以及主要街道挂出了庆祝标语，让广大市民了解"国际茶日"。本会还向各县（市）区茶促会赠送了多种茶文化书籍。本会创会会长徐杏先、副会长兼秘书长胡剑辉参加了海曙区茶促会主办的"5·21国际茶日"庆祝活动。

▲2020年7月2日，第十届"中绿杯"中国名优绿茶评比，在京、甬两地同时设置评茶现场，以远程互动方式进行，两地专家全程采取实时连线的方式。经两地专家认真评选，结果于7月7日揭晓，共评选出特金奖83个，金奖121个，银奖15个。本会会长郭正伟、创会会长徐杏先、副会长兼秘书长胡剑辉参加了本次活动。

2021年

▲2021年5月18日，宁波茶文化促进会、海曙茶文化促进会等单位联合主办第二届"5·21国际茶日"座谈会暨月湖茶市集活动。参加活动的领导有本会会长郭正伟、创会会长徐杏先、副会长兼秘书长胡剑辉及各县（市）区茶文化促进会会长、秘书长等。

▲2021年5月29日，"明州茶论·茶与人类美好生活"研讨会召开。出席研讨会的领导和嘉宾有：中国工程院院士陈宗懋，中国国际茶文化研究会副会长沈立江、秘书长王小玲、办公室主任戴学林、学术委员会副主任姚国坤，浙江省茶叶集团股份有限公司董事长毛立民，浙江大学茶叶研究所所长、全国首席科学传播茶学专家王岳飞，江西省社会科学院历史研究所所长、《农业考古》主编施由明等，本会会长郭正伟、创会会长徐杏先、名誉会长胡谟敦，宁波市农业农村局局长李强，本会副会长兼秘书长胡剑辉等领导及专家学者100余位。会上，为本会高级顾问姚国坤教授颁发了终身成就奖。并表彰了宁波茶文化

优秀会员、先进企业。

　　▲2021年6月9日，宁波市鄞州区茶文化促进会成立，本会会长郭正伟出席会议并讲话、创会会长徐杏先到会并授牌、副会长兼秘书长胡剑辉等领导到会祝贺。

　　▲2021年9月15日，由宁波市农业农村局和本会主办的宁波市第五届红茶产品质量推选评比活动揭晓。通过全国各地茶叶评审专家评审，推选出10个金奖，20个银奖。本会会长郭正伟、创会会长徐杏先、副会长兼秘书长胡剑辉到评审现场看望评审专家。

　　▲2021年10月25日，由宁波市农业农村局主办，宁波市海曙区茶文化促进会承办，天茂36茶院协办的第三届甬城民间斗茶大赛在位于海曙区的天茂36茶院举行。本会创会会长徐杏先，本会副会长刘良飞等领导出席。

　　▲2021年12月22日，本会举行会长会议，首次以线上形式召开，参加会议的有本会正、副会长及各县（市）区茶文化促进会会长、秘书长，会议有本会副会长兼秘书长胡剑辉主持，郭正伟会长作本会工作报告并讲话；各县（市）区茶文化促进会会长作了年度工作交流。

　　▲2021年12月26日下午，中国国际茶文化研究会召开第六次会员代表大会暨六届一次理事会议以通信（含书面）方式召开。我会副会长兼秘书长胡剑辉参加会议，并当选为新一届理事；本会创会会长徐杏先、本会常务理事林宇晧、本会副秘书长竺济法聘请为中国国际茶文化研究会第四届学术委员会委员。

（周海珍　整理）

图书在版编目（CIP）数据

茶俗典/陈伟权，竹潜民编著. —北京：中国农业出版社，2023.9

（宁波茶通典）

ISBN 978-7-109-30951-7

Ⅰ.①茶… Ⅱ.①陈… ②竹… Ⅲ.①茶文化—文化史—宁波 Ⅳ.①TS971.21

中国国家版本馆CIP数据核字（2023）第141113号

茶俗典

CHA SU DIAN

中国农业出版社出版

地址：北京市朝阳区麦子店街18号楼

邮编：100125

特约专家：穆祥桐　　责任编辑：姚　佳　王佳欣

责任校对：刘丽香

印刷：北京中科印刷有限公司

版次：2023年9月第1版

印次：2023年9月北京第1次印刷

发行：新华书店北京发行所

开本：700mm×1000mm　1/16

印张：12.5

字数：168千字

定价：88.00元